河湖管理保护概述

水利部发展研究中心 等 编

中国水利水电出版社
www.waterpub.com.cn
·北京·

内 容 提 要

本书对河湖管理保护进行了概述，分析梳理了河湖管理保护相关政策法规，介绍了河湖长制、河湖管理保护基础工作、河湖岸线管理保护、河道采砂管理、河口管理等方面的工作要求与进展情况。

本书可作为水利行业相关工作者和科研工作者的参考书，也可作为公众了解河湖管理保护知识、提升河湖保护意识的科普读物。

图书在版编目（CIP）数据

河湖管理保护概述 / 水利部发展研究中心等编.
北京 : 中国水利水电出版社, 2024. 12. -- ISBN 978-7-5226-2984-1
Ⅰ. X143
中国国家版本馆CIP数据核字第2025PH7868号

书　　名	**河湖管理保护概述** HEHU GUANLI BAOHU GAISHU
作　　者	水利部发展研究中心　等编
出版发行	中国水利水电出版社 （北京市海淀区玉渊潭南路1号D座　100038） 网址：www.waterpub.com.cn E-mail：sales@mwr.gov.cn 电话：（010）68545888（营销中心）
经　　售	北京科水图书销售有限公司 电话：（010）68545874、63202643 全国各地新华书店和相关出版物销售网点
排　　版	中国水利水电出版社微机排版中心
印　　刷	天津嘉恒印务有限公司
规　　格	170mm×240mm　16开本　14.75印张　227千字
版　　次	2024年12月第1版　2024年12月第1次印刷
印　　数	0001—2000册
定　　价	**86.00元**

凡购买我社图书，如有缺页、倒页、脱页的，本社营销中心负责调换

版权所有·侵权必究

《河湖管理保护概述》编写组

主　　编　刘小勇

副 主 编　戴向前　陈　晓　陈　健

编写人员　张细兵　姜　沛　刘　卓　孟　博

　　　　　李禾澍　郎劢贤　胡忙全　王佳怡

　　　　　李宛华　王　驰　李　刚　裴少峰

　　　　　申　康　杨永平　刘　培　董亚辰

　　　　　叶　飞　黄鹏飞　关　艳

前言

江河湖泊是地球的血脉、生命的源泉、文明的摇篮。习近平总书记高度重视河湖治理保护工作，提出了"节水优先、空间均衡、系统治理、两手发力"的治水思路，部署在全国全面推行河湖长制，确立了国家"江河战略"，发出了"让黄河成为造福人民的幸福河"的伟大号召，为我国河湖治理保护提供了根本遵循。在党中央、国务院坚强领导下，水利部会同有关部门积极推进河湖治理保护工作，地方各级党委政府依托河湖长制狠抓落实，我国河湖面貌发生了历史性变化，"白鸟一双临水立，见人惊起入芦花"的河湖美景重现。

河湖管理保护涉及面广，政策性强。为深入贯彻落实党的二十大和二十届三中全会精神，概括综述河湖管理保护最新政策要求，提炼总结各地好经验好做法，水利部发展研究中心组织编写了《河湖管理保护概述》。本书主要内容包括河湖概况、管理要求、河湖长制、基础工作以及岸线管理、采砂管理、河口管理。本书第一章至第四章由水利部发展研究中心编写，第五章和第六章由长江水利委员会河道采砂与河湖管理局编写，第七章由珠江水利委员会河湖管理处编写。

本书编写过程中，得到了水利部河湖管理司的大力指导和支持，得到水利部有关司局和单位以及专家学者的大力支持，在此表示衷心感谢！由于水平有限，书中难免存在疏漏和不当之处，敬请批评指正！

编写组

2024 年 11 月

目录

前言

第一章　河湖及管理概况 ························· 1

　第一节　河湖的定义、类型与功能 ················· 1

　　一、河湖的定义 ······························· 1

　　二、河湖的类型 ······························· 2

　　三、河湖的功能 ······························· 5

　第二节　河湖的数量与分布 ······················· 7

　　一、河流数量与分布 ··························· 7

　　二、湖泊数量与分布 ·························· 11

　第三节　河湖管理概述 ·························· 14

　　一、河湖治理历史沿革 ························ 14

　　二、河湖管理相关制度 ························ 16

　　三、河湖治理保护成效 ························ 20

第二章　河湖管理政策法规 ······················· 25

　第一节　河湖管理法律 ·························· 25

　　一、《中华人民共和国水法》 ··················· 25

　　二、《中华人民共和国防洪法》 ················· 26

　　三、《中华人民共和国水污染防治法》 ··········· 27

　　四、《中华人民共和国长江保护法》 ············· 28

　　五、《中华人民共和国黄河保护法》 ············· 29

　　六、《中华人民共和国航道法》 ················· 30

　　七、《中华人民共和国渔业法》 ················· 31

  八、《中华人民共和国港口法》…………………………………… 31
  九、《中华人民共和国湿地保护法》……………………………… 32
  十、《中华人民共和国青藏高原生态保护法》…………………… 32
 第二节 河湖管理行政法规 ……………………………………………… 33
  一、《中华人民共和国河道管理条例》…………………………… 33
  二、《节约用水条例》……………………………………………… 34
  三、《地下水管理条例》…………………………………………… 34
  四、《中华人民共和国航道管理条例》…………………………… 35
  五、《太湖流域管理条例》………………………………………… 36
  六、《淮河流域水污染防治暂行条例》…………………………… 36
  七、《长江河道采砂管理条例》…………………………………… 37
 第三节 部门规章 ………………………………………………………… 37
  一、水利部出台的部门规章 ……………………………………… 37
  二、生态环境部出台的部门规章 ………………………………… 41
  三、交通运输部出台的部门规章 ………………………………… 42
  四、农业农村部出台的部门规章 ………………………………… 44
  五、住房和城乡建设部出台的部门规章 ………………………… 44
  六、国家林业和草原局出台的部门规章 ………………………… 44
 第四节 规范性文件 ……………………………………………………… 45
  一、党中央、国务院出台的规范性文件 ………………………… 45
  二、水利部出台的规范性文件 …………………………………… 46
 第五节 河湖管理地方性法规 …………………………………………… 49
  一、河道（湖）管理地方性法规 ………………………………… 51
  二、湖泊管理地方性法规 ………………………………………… 58
  三、河湖长制地方性法规 ………………………………………… 60

第三章 河湖长制 ……………………………………………………………… 65
 第一节 河湖长制概述 …………………………………………………… 65
  一、河湖长制演化历程 …………………………………………… 65
  二、河湖长制制度框架 …………………………………………… 69

三、河湖长制工作情况 ·· 75
第二节　河湖长及河长制办公室履职要求 ······················· 79
　　一、河湖长履职要求 ·· 80
　　二、河长制办公室履职要求 ······································· 83
第三节　河湖长制重点工作开展情况 ································ 87
　　一、全面推行河湖长制中期评估 ································ 87
　　二、全面推行河湖长制总结评估 ································ 88
　　三、开展河湖库"清四乱" ·· 90
　　四、复苏河湖生态环境 ·· 91
　　五、推进幸福河湖建设 ·· 92

第四章　河湖管理保护基础工作 ·· 94
第一节　河湖管理范围划定 ·· 94
　　一、河湖管理范围划定依据 ······································· 94
　　二、河湖管理范围划定要求 ······································· 95
　　三、河湖管理范围划定进展 ······································· 98
　　四、典型省份划定情况 ·· 99
第二节　"一河（湖）一策"编制 ······································ 101
　　一、"一河（湖）一策"编制相关要求 ····················· 102
　　二、"一河（湖）一策"编制典型案例 ····················· 104
第三节　河湖健康评价 ·· 108
　　一、河湖健康评价相关要求 ····································· 109
　　二、河湖健康评价典型案例 ····································· 111
第四节　河湖档案与信息化建设 ······································ 115
　　一、河湖档案建设 ·· 115
　　二、河湖管理信息化建设 ·· 117

第五章　河湖岸线管理保护 ·· 122
第一节　河湖岸线管理保护概况 ······································ 122
　　一、河湖岸线管理保护的重要性 ······························ 123
　　二、河湖岸线管理保护的相关规定 ·························· 123

三、河湖岸线管理保护进展情况 …………………………………… 127
　第二节　河湖岸线规划 ………………………………………………… 130
　　一、河湖岸线规划概述 …………………………………………… 130
　　二、规划编制原则 ………………………………………………… 131
　　三、规划主要内容 ………………………………………………… 132
　　四、河湖岸线规划实例分析 ……………………………………… 135
　第三节　涉河建设项目管理 …………………………………………… 141
　　一、涉河建设项目管理相关要求 ………………………………… 142
　　二、涉河建设项目审批及监管 …………………………………… 143
　　三、涉河建设项目管理实例分析 ………………………………… 147
　第四节　长江干流岸线清理整治专项行动 …………………………… 150
　　一、专项行动背景 ………………………………………………… 150
　　二、专项行动过程 ………………………………………………… 151
　　三、专项行动成效 ………………………………………………… 154

第六章　河道采砂管理 …………………………………………………… 157
　第一节　河道采砂管理概况 …………………………………………… 157
　　一、河道采砂管理相关要求 ……………………………………… 157
　　二、河道采砂管理现状 …………………………………………… 160
　第二节　河道采砂规划编制 …………………………………………… 163
　　一、采砂规划制度 ………………………………………………… 163
　　二、采砂规划编制 ………………………………………………… 164
　　三、规划实施管理 ………………………………………………… 168
　第三节　河道采砂许可管理 …………………………………………… 170
　　一、河道采砂许可程序 …………………………………………… 170
　　二、河道采砂许可方式 …………………………………………… 175
　第四节　河道采砂监管与执法 ………………………………………… 178
　　一、河道采砂监管 ………………………………………………… 178
　　二、河道采砂执法 ………………………………………………… 179

第七章　河口管理 ………………………………………………… 186
　第一节　河口管理概述 ………………………………………… 186
　　一、河口基本情况 …………………………………………… 186
　　二、河口管理相关要求 ……………………………………… 191
　　三、河口管理成效 …………………………………………… 192
　第二节　河口治理保护 ………………………………………… 194
　　一、河口治理保护重要性 …………………………………… 194
　　二、河口治理保护目标任务 ………………………………… 196
　　三、河口治理保护主要措施 ………………………………… 197
　第三节　河口规划编制 ………………………………………… 199
　　一、长江口综合整治开发规划 ……………………………… 199
　　二、黄河口综合治理规划 …………………………………… 202
　　三、珠江口综合治理规划 …………………………………… 205
　第四节　河口保护治理工程实例 ……………………………… 208
　　一、长江口深水航道治理工程 ……………………………… 208
　　二、黄河口清8改汊入海工程 ……………………………… 212
　　三、珠江河口磨刀门综合整治工程 ………………………… 215

参考文献 …………………………………………………………… 219

第一章 河湖及管理概况

江河湖泊是地球的血脉、生命的源泉、文明的摇篮。保护江河湖泊，事关人民群众福祉，事关中华民族长远发展。我国河流、湖泊数量多、类型全、分布广，在复杂的自然地理和气候条件以及人类活动影响下，不同区域的河流湖泊具有丰富多样的形态和特点，在自然生态系统演化和经济社会发展进程中具有多重功能。

第一节 河湖的定义、类型与功能

本节重点综述典籍文献中关于河湖的概念，梳理河湖分类方法与标准，阐述河湖的主要功能。

一、河湖的定义

《山海经》《史记·河渠书》《水经注》等古代典籍都对河流进行了记述。河流早期称"水"，黄河称为"河水"，长江称为"江水"。牛津词典中，"河流"的定义是"在河道中流向海洋、湖泊或另一条通常更大的同类河流的天然径流"；"湖泊"的定义是"完全陆地包围的大片水域"。《中国大百科全书》中，"河流"的定义为"在重力作用下，集中于地表线形凹槽内的经常性或周期性天然水道的通称"；"湖泊"的定义为"在内、外力相互作用下形成的，湖盆、湖水、水中所含物质（矿物质、溶解质、有机质，以及水生生物等）所组成的自然综合体"。《辞海》中，"河流"的定义为"沿地表线形凹槽集中的经常性或周期性水流"；"湖泊"的定义为"地表洼地积水形成的比较宽广的水域"。我国的一些标准规范，根据适用性也对河流、湖泊的概念进行了界定。《水利水电工程技术术语》（SL 26—2012）对"河流"的定义为"陆地表面宣泄水流的通道，是江、河、川、溪的总称"。《中国湖泊名称代码》（SL 261—98）

中,对"湖泊"的定义为"湖盆及其承纳的水体(含晶间卤水)称为湖泊,湖泊的湖盆是地表可蓄水的相对封闭的天然洼地"。

上述文献史料和标准规范,从不同角度对河流、湖泊进行定义,具有权威性。综合分析,狭义的"河流"是由自然水流在地表冲刷形成的过水通道(河道)和水体两部分组成的。广义的河流,或者民间通常称之为"河"的,还包括一些人工开挖的水道以及灌溉输水渠道,如京杭大运河、位于内蒙古巴彦淖尔的"二黄河"等。狭义的湖泊是指天然地表洼地积水形成的宽广水域,由湖盆和水体两部分组成。基于湖泊的形态学定义,人工开挖形成的低洼地蓄水后形成的水域,通常也称之为湖,如颐和园昆明湖。现代修建的一些水库,也具有湖泊的典型特征,习惯上也称为湖,如新安江水库也叫千岛湖、丰满水库又称松花湖。江河湖泊存在于人类生存的任何地方,具体称谓也各不相同。一般意义上的河流,可以看作溪、川、江、河等的总称,较大的河流称江、河,如长江、黄河。浙、闽、台地区的一些河流较短小,水流较急,常称溪,如台湾的蜀水溪,福建的沙溪、建溪。西南地区也有将河流称为川的,如四川的大小金川、云南的螳螂川等。湖泊在古代多称为"泽",如云梦泽、震泽。在不同地域,湖泊有"湖""池""淀""漾""汄""错""海""淖""诺尔"及"茶卡"等各种称谓。

二、河湖的类型

我国地域辽阔,地形地貌复杂多样,气候差异大,形成类型多样的河流、湖泊。在长期的研究和生产实践中,可采用不同的分类方法和分类标准对河流、湖泊进行分类。

(一)河流分类

目前,河流类型划分依据主要包括河流是否流入海洋、河流的季节性特征、河流水体的补给方式、河流是否跨国界等。

1. 外流河和内流河

外流河是指水流直接或经干流间接流入海洋的河流。外流河的集水范围称为外流区域。我国的外流河分别注入太平洋、印度洋、北冰洋。在我国外流区由南到北分布着珠江、长江、淮河、黄河、海河、辽河及松花江七大江河，其中除松花江汇入黑龙江后流出境外，其余皆东流注入太平洋。此外，还有桂南粤西沿海诸河、东南沿海诸河、山东半岛诸河、辽西诸河、辽东半岛诸河以及台湾省诸河、海南岛诸河等中小河流直接入海。

内流河是指注入内陆盆地或因水量不足而中途消失最终不流入海洋的河流。内流河的集水范围称内流区域。我国内流区的面积很大，约占全国总面积的36%，主要分布于内蒙古高原、河西走廊、柴达木盆地、新疆的大部分地区，以及藏北高原。此外，东北的松嫩地区也有局部的内流区。位于新疆的塔里木河，是我国最大的内流河。

2. 常年性河流和季节性河流

根据河道中水流的季节性变化，可划分为常年性河流与季节性河流。常年性河流是在自然条件下，河道中常年有水体流动的河流，也称长久性河流、非季节性河流。常年性河流主要分布在湿润、半湿润气候地区。这类河流的特点是水量丰沛、具有稳定的水源补给和固定的水道。例如我国的长江、珠江等。

季节性河流是指在枯水季节河道中无水体流动的河流，又称间歇性河流、时令河。这类河流通常位于干旱、半干旱地区，河流末端位于戈壁沙漠，形成尾闾湖泊。季节性河流所在区域降水量少，蒸发量大，以汛期强降雨或者夏季冰雪融水补给为主。季节性河流另一种成因是人类对河流的过度引水、截流，会使常年性河流变成季节性河流。

3. 单源补给河流和多源补给河流

降水及其在地表赋存的形式不同（冰川、积雪、地下水等），河流水体补给方式不同，河流径流会表现出不同的特征。我国的河流水体补给来源主要包括雨水补给、地下水补给、季节性冰雪融水补给和永久性冰雪融水补给。一般而言，流域面积小的河流，如独流入海河流或者一些大江大河的支流，补给来源比较单一，如沿海地区的一些独流入海河流，主要由降雨补给；青藏高原一些永久冻土区的河流，主要由冰雪融水补给。大多数河流有两种或两种以上的水体补给来源，称为多源补给河流，如长江全长6296km，从源头到入海口，有多种补给源。河流水体补给来源决定河流水文基本特性，以冰雪融水为补给来源的河流，径流年际变化小，基流相对稳定。以降水为主要补给来源的河流，径流变化与降水密切相关，位于暴雨集中分布区或者受台风影响频繁的区域，径流年际、年内变化大，短历时高强度降雨往往会引发洪涝灾害。

4. 国际河流

国际河流是指水流跨越国界或位于国家边界（境）的河流。我国的国际性河流位于东北、西北和西南地区，它们流向不一，分别注入太平洋、北冰洋和印度洋。东北地区的河流，黑龙江干流是中俄界河，图们江和鸭绿江为中朝界河，克鲁伦河和哈拉哈河为中蒙界河。西北地区的国际河流有额尔齐斯河、额敏河、伊犁河等。西南地区的国际河流有雅鲁藏布江、怒江、澜沧江等。

（二）湖泊分类

湖泊类型的划分方法有多种，通常按湖盆成因、湖泊与入湖出湖河流的关系、湖水矿化度等指标进行分类。

1. 按湖盆成因分类

湖盆是地表相对封闭可蓄水的天然洼池，是形成湖泊的决定性要素。在湖泊研究和管理中，以湖盆成因为主对湖泊进行分类得到广泛应用。湖泊按湖盆成因可分为构造湖、火山口湖、溶蚀湖、河成湖、海成湖、冰成湖、堰塞湖以及人工湖等。

构造湖是指由于地壳的构造运动而沿断裂（断裂、断层、地堑等）产生一些凹陷形成湖盆经储水而形成的湖泊，构造湖的特点是湖岸平直、湖形狭长，如位于云南省的滇池、洱海。火山口湖是火山喷发停止后，在火山喷发的洼地积水形成的湖泊，其特点是外形近圆形或马蹄形，深度较大，如位于雷州半岛的湖光湖、吉林省中朝边界长白山天池。溶蚀湖是由地表水和地下水溶蚀了可溶性岩层形成的低洼地汇水而成，形状多呈圆形或椭圆形，我国西南喀斯特石灰岩地区分布有溶蚀湖，如位于贵州省的草海。河成湖是由于河流改道、裁弯取直、淤积等，原河道变成了湖盆，其外形特点多是弯月形或牛轭形，故又称牛轭湖，水深一般较浅，如江汉平原上分布的一些湖泊。海成湖湖盆由海水侵蚀和沉积而成，又称为潟湖，位于浙江省的杭州西湖即由潟湖演变而来。冰成湖湖盆由冰川的刨蚀或堆积作用形成，包括冰蚀湖与冰碛湖，主要分布在古代冰川作用区，如位于西藏自治区的巴松措、那木拉错。堰塞湖由火山熔岩流、冰碛物或由地震引起的山体滑坡堵塞河道而形成，如位于黑龙江省的镜泊湖、五大连池等。人工湖，顾名思义，是由人工筑坝蓄水或开挖湖盆注水形成的湖泊，有的水库也称湖泊，城市公园中景观湖大部分是人工开挖形成的湖泊。

2. 按湖泊与入湖出湖河流关系分类

根据湖泊与入湖、出湖河流的关系，可分为两类：吞吐湖和内陆湖。吞吐湖，又称泄水湖，湖泊位于河流水系的中间位置，既有河水流入，又有湖水流出汇入更大的河流，位于我国东部平原区的大多数湖泊都是吞吐型湖泊，如洞庭湖、鄱阳湖。内陆湖，又称尾闾湖，有河流流入而无流出，是河流水体最后聚集地，主要分布于我国西北干旱内陆河地区，如位于青海省的青海湖。

3. 按湖水矿化度分类

湖水矿化度即湖水含盐量，是表示湖水化学性质的一项重要指标，根据其大小可将湖泊分为不同类型。第一次全国水利普查，根据湖水矿化度将湖泊分为 4 类：矿化度小于 $1g/L$ 为淡水湖；矿化度 $1\sim24g/L$ 为微咸湖；矿化度 $24\sim35g/L$ 为咸水湖；矿化度大于 $35g/L$ 为盐湖。我国湖水矿化度地区差异大，东部平原地区的一些吞吐型湖泊，矿化度低于 $50mg/L$，西北内陆河一些湖泊矿化度超过 $500g/L$，相差 1 万多倍。

三、河湖的功能

人类社会早期，逐水草而居是一种普遍的生活方式。古埃及文明、古巴比伦文明、古印度文明和古中国文明，是人类历史上最早出现的文明，都发源于大江大河中下游，印证着河流在人类发展和文明演化中具有不可或缺的重要功能。最新的一系列考古研究发现，早在四五千年前，我国的黄河流域、长江流域就孕育了中华民族的灿烂文化。河流的重要功能在人类社会发展演化中逐步形成，因河流自身特性与人类发展需求相契合而得以持续存在。从人类社会发展的角度审视，主要有四个方面：行洪蓄洪功能，资源供给功能，生态支撑功能，文化承载功能。

（一）行洪蓄洪功能

河湖提供了水流流经的通道和储存水量的空间，具有行洪、蓄洪功能，河流湖泊通过其自身空间容量可有效调节洪水，避免或减轻洪涝灾害。天然河道及其两侧或河岸大堤之间，是水体流动的通道，也是洪水下泄的主要空间。湖泊具有天然的蓄洪功能，大型湖泊在流域防洪体系中具有重要作用，通过消纳洪量、削减洪峰，可有效减轻周边及下游地区的防洪压力。如我国鄱阳湖和洞庭湖等大型湖泊在长江流域汛期的洪水调蓄中发挥着重要作用。此外，通过工程措施控制湖泊进出水口，可以调节湖泊水位，在洪水来临时释放储存的水以减轻洪水威胁，在枯水期则可以储存水资源满足下游供水和灌溉需求，实现洪水资源化。

（二）资源供给功能

河湖资源丰富，为经济社会发展提供了重要基础支撑。河湖中赋存的水体，供人类饮用、灌溉以及发展工业生产，还可以利用水流进行发电、水运、水产养殖。全世界河流总蓄水量虽然只有 $2120km^3$，仅占全球总淡水量的 0.006%，但由于河水在全球水循环过程中十分活跃，全球河水平均每 16 天便全部更新一次，可利用的河流总水量每年约达 4.8 万 km^3。河流具有丰富的水能资源，全世界河流水能蕴藏量达 50 余亿 kW，同时在灌溉、航运、水产养殖和旅游等领域都发挥着重要作用。湖泊是大自然赐予人类的"天然宝库"，能够为人类生产生活提供工业、灌溉和饮用的水源，湖泊水体可改善区域生态环境，提高环境质量，用于繁衍水生动植物，发展水产。众多盐湖赋存有丰富的盐类和矿产资源可供开采，服务于经济社会发展。

（三）生态支撑功能

河流在参与水文循环、维持生态环境和塑造地形地貌中发挥着重要作用。内流河把水从高山输送到内陆盆地底部或湖泊中，实现水文小循环。外流河将大量水由陆地带入海洋，弥补海水的蒸发损耗，实现水文大循环。在输送水和泥沙的同时，河流也运送各种生物质和矿物盐类，为生物提供营养物质和栖息地，形成丰富多样的河流生态系统。河流动力切割地表岩层，搬移风化物，形成不断扩大的沟壑水系和支干河道，通过对固体物质的搬运、堆积，形成各种规模的冲积平原，塑造了丰富的地貌景观。湖泊是地球表层系统各圈层相互作用的联结点，是陆地水圈的重要组成部分，与生物圈、大气圈、岩石圈等关系密切，具有调节区域气候、记录区域环境变化，以及维持区域的生态平衡和生物多样性等功能。

（四）文化承载功能

河流世代奔腾，生生不息，滋养着大地，哺育着文明。有些河流奔腾咆哮、蔚为壮观，有些河流细水潺潺、蜿蜒秀美，它们见证着大自然的变迁和人类历史的发展演化，铭刻着人类文明的印记。黄河是中华民族的母亲河，在数千年的治理中，积淀了丰富的文化元素，成为中华文明的重要组成部分。位于四川省岷江的都江堰水利工程，不仅以其卓越的防洪灌溉功能闻名遐迩，更承载着深厚的文化底蕴，见证着2000多年来成都平原的历史变迁，已然成为中国智慧和文化的象征。京杭大运河，我国古代开凿的人工水运通道，不仅连通南北方经济发展，更是一条文化长廊，促进了南北方文化的交流交融，承载着中华民族悠久历史与灿烂文化。我国还有很多的江河湖泊，与当地民族风情相融合，与城市发展演变相融合，记载着历史足迹，成为中华优秀传统文化的重要组成部分。

第二节 河湖的数量与分布

我国的河流湖泊数量多、类型全、分布广、差异大，是独特的地形地貌和复杂多样的气候长期相互作用的结果。

一、河流数量与分布

（一）河流数量

根据第一次全国水利普查结果，全国流域面积 $50km^2$ 及以上的河流总数为45203条。其中，山地河流40503条（含山地平原混合河流82条），约占普查河流总数的89.6%；平原河流4700条，约占普查河流总数的

10.4%。外流河35958条,约占普查河流总数的79.5%,涉及的流域总面积约占国土总面积的2/3;内流河9245条,约占普查河流总数的20.5%,涉及的流域总面积(含无流区面积,下同)约占国土总面积的1/3。

从各行政区域的河流分布来看,流域面积$50km^2$及以上河流中,河流数量超过3000条的省(自治区、直辖市)有西藏、内蒙古、青海、新疆;流域面积$50km^2$及以上河流的河流密度最大的3个省(自治区、直辖市)为天津、上海和江苏,河流密度最小的省(自治区、直辖市)为新疆。各省(自治区、直辖市)流域面积$50km^2$及以上河流数量见表1-1。

表1-1 省(自治区、直辖市)流域面积$50km^2$及以上河流数量

序号	省(自治区、直辖市)	河流数量/条	序号	省(自治区、直辖市)	河流数量/条
	合计	46796	16	河南	1030
1	北京	127	17	湖北	1232
2	天津	192	18	湖南	1301
3	河北	1386	19	广东	1211
4	山西	902	20	广西	1350
5	内蒙古	4087	21	海南	197
6	辽宁	845	22	重庆	510
7	吉林	912	23	四川	2816
8	黑龙江	2881	24	贵州	1059
9	上海	133	25	云南	2095
10	江苏	1495	26	西藏	6418
11	浙江	865	27	陕西	1097
12	安徽	901	28	甘肃	1590
13	福建	740	29	青海	3518
14	江西	967	30	宁夏	406
15	山东	1049	31	新疆	3484

注 1. 本表数据来源于第一次全国水利普查结果《河湖基本情况普查报告》。
   2. 由于跨省(自治区、直辖市)行政区域河流的重复统计,表中河流总数大于全国同标准流域面积河流总数45203条。

（二）河流分布

全国流域面积 $50km^2$ 及以上河流的总长度为 150.85 万 km，总长度大于 15 万 km 的一级流域（区域）有长江、内流诸河、黑龙江和西南西北外流诸河，浙闽诸河最小，为 4.23 万 km。全国平均的河网密度为 $0.16km/km^2$，其中淮河的河网密度最大，为 $0.23km/km^2$，内流诸河的河网密度最小，为 $0.10km/km^2$。全国流域面积 $50km^2$ 及以上的河流中，河流数量超过 5000 条的一级流域（区域）有长江、内流诸河、西南西北外流诸河和黑龙江，河流数量小于 2000 条的一级流域（区域）有浙闽诸河和辽河。我国河流中流域面积（不含国外部分）排列前 10 位的河流依次为长江、黑龙江（国内面积）、黄河、松花江、塔里木河、西江、雅鲁藏布江、辽河、淮河、澜沧江。

我国从东北的大兴安岭西坡起，经大兴安岭—张家口—兰州—拉萨—喜马拉雅山脉东部，分布着 400mm 等降水量线，其北段与我国第二阶梯和第三阶梯的分界线基本重合，南段与第一阶梯和第二阶梯的分界线基本重合。受此影响，我国河流分布也有一条大致的地理分界线，北端从大兴安岭西坡起，沿东北—西南走向，经阴山、贺兰山、日月山、念青唐古拉山至青藏高原南缘一线，以东地区以外流河为主，以西的河流主要为内流河。外流河中，长江、黄河以及东部、华南地区的河流注入太平洋，西南地区的河流，如雅鲁藏布江、澜沧江等流入印度洋，位于新疆维吾尔自治区的额尔齐斯河最后流入北冰洋。

（三）典型河流

1. 长江

长江发源于青海省格尔木市唐古拉山镇唐古拉山脉，干流流经青海、西藏、四川、云南、重庆、湖北、湖南、江西、安徽、江苏、上海等 11 省（自治区、直辖市），在上海流入东海，干流全长 6296km，流域面积 179.6 万 km^2，纵剖面落差约 5670m，平均比降 0.453‰。长江流域多年平均年降水深 1084.6mm，多年平均年径流深 551.1mm。长江干流沿线有雅砻江、岷江（及大渡河）、嘉陵江、乌江、沅江、湘江、汉江和赣江等支流汇入。

2. 黄河

黄河发源于青海省曲麻莱县麻多乡郭洋村巴颜喀拉山北麓的约古宗列盆地，干流流经青海、四川、甘肃、宁夏、内蒙古、陕西、山西、河南及山东等9省（自治区），在山东省东营市垦利县流入渤海，干流全长5687km，流域面积为81.3万 km^2，纵剖面落差约4680m，平均比降0.596‰。黄河流域多年平均年降水深441.1mm，多年平均年径流深74.7mm。流域面积大于1万 km^2 的支流有洮河、湟水-大通河、祖厉河、清水河、乌加河、大黑河、无定河、汾河、渭河、洛河、沁河等。

3. 淮河

淮河发源于河南省桐柏县淮源镇陈庄林场，西起伏牛山，东临黄海，南以大别山、江淮丘陵、通扬运河及如泰运河南堤与长江分界，北以废黄河与沂沭泗水系为界，干流流经河南、湖北、安徽、江苏等4省。洪泽湖以下为淮河下游，水分三路下泄，即入江水道、入海水道和苏北灌溉总渠。洪泽湖以上淮河干流和入江水道的总长度为1018km，淮河水系流域面积为19.1万 km^2，纵剖面落差约880m，平均比降0.069‰。淮河流域多年平均年降水深895.1mm，多年平均年径流深236.9mm。淮河主要支流有洪汝河、沙颍河、涡河、怀洪新河、史河、淠河、池河等。

4. 海河

海河水系地处我国东部，西以山西高原与黄河流域接界，北以蒙古高原与内陆河流域为邻，南接黄河，东临渤海。海河水系由蓟运河、潮白河、北运河、永定河（以上为海河北系），大清河、子牙河、漳卫南运河、黑龙港运东地区诸河、海河干流（以上为海河南系）组成。流域范围海河水系集水面积为23.5万 km^2，若以漳河的浊漳南源为源，全长1122km。各支流分别发源于黄土高原、蒙古高原和燕山、太行山迎风坡，地跨北京、天津、河北、山西、山东、河南和内蒙古等省（自治区、直辖市）。

5. 珠江

珠江是西江、北江、东江和珠江三角洲河网诸河的总称，流经云南、贵州、广西、广东、湖南、江西6省（自治区），中国境内流域面积44.2万 km^2。主干流西江发源于云南省曲靖市沾益县马雄山东麓，在广东省佛山市三水区思贤滘与北江相汇后入珠江三角洲河网区，经西江干流入海水道注入南海，干流长2214km。西江和北江在广东省佛山市三水区思贤滘、东江在广东省东莞市石龙分别汇入珠江三角洲河网区，经虎门、蕉门、洪奇门、横门、磨刀门、鸡啼门、虎跳门及崖门八大口门注入南海。

6. 辽河

辽河发源于内蒙古自治区克什克腾旗白岔山，干支流跨河北、内蒙古、吉林、辽宁等4省（自治区），在辽宁省盘锦市大洼注入辽东湾，干流全长1383km，流域面积19.2万km^2。流域多年平均年降水深434.8mm，多年平均年径流深45.2mm。辽河的支流有查干木伦河、老哈河、教来河、乌力吉木伦河、东辽河、绕阳河等。

7. 塔里木河

塔里木河是我国最长的内陆河，发源于新疆维吾尔自治区叶城县西合休乡的喀喇昆仑山，先后汇集叶尔羌河、和田河、阿克苏河等，在若羌县流入台特玛湖，全长2727km，流域面积为36.6万km^2（不含境外部分面积）。流域多年平均年降水深208.3mm，多年平均年径流深72.2mm。塔里木河主要支流有塔什库尔干河、盖孜河、提孜那甫河、喀什噶尔河、和田河、阿克苏河和木扎尔特河-渭干河等。

二、湖泊数量与分布

（一）湖泊数量

根据第一次全国水利普查结果，全国常年水面面积1km^2及以上的湖泊总数为2865个，其中跨省（自治区、直辖市）界湖泊40个，跨国界（境）湖泊6个。按湖泊水体矿化度分类，全国常年水面面积1km^2及以上湖泊中，淡水湖、咸水湖和盐湖数量分别为1594个、945个和166个，分别占湖泊总数的55.6%、33.0%和5.8%。从行政区域来看，西藏、内蒙古、黑龙江、青海、湖北5省（自治区）的湖泊数量均超过200个，湖南、吉林、安徽、新疆4省（自治区）湖泊数量均超过100个。省（自治区、直辖市）常年水面面积1km^2及以上湖泊数量见表1-2。

表 1-2 省（自治区、直辖市）常年水面面积 1km² 及以上湖泊数量

序号	省（自治区、直辖市）	湖泊数量/个	序号	省（自治区、直辖市）	湖泊数量/个
	合计	2905	16	河南	6
1	北京	1	17	湖北	224
2	天津	1	18	湖南	156
3	河北	23	19	广东	7
4	山西	6	20	广西	1
5	内蒙古	428	21	海南	0
6	辽宁	2	22	重庆	0
7	吉林	152	23	四川	29
8	黑龙江	253	24	贵州	1
9	上海	14	25	云南	29
10	江苏	99	26	西藏	808
11	浙江	57	27	陕西	5
12	安徽	128	28	甘肃	7
13	福建	1	29	青海	242
14	江西	86	30	宁夏	15
15	山东	8	31	新疆	116

注 1. 本表数据来源于第一次全国水利普查成果《河湖基本情况普查报告》。
2. 由于跨省（自治区、直辖市）行政区域湖泊的重复统计，表中湖泊总数大于全国同标准常年水面面积湖泊总数 2865 个。

（二）湖泊分布

我国境内常年水面面积 1km² 及以上湖泊水面总面积为 7.8 万 km²，约占国土总面积的 0.8%。从地域分布上看，青藏高原区和东部平原区是我国湖泊分布最密集的区域。青藏高原是全球海拔最高、数量最多和面积最大的内陆高原湖群区，区内湖泊多系构造运动和冰川作用形成，以咸水湖和盐湖为主，湖水较深，湖面高程一般在 4000m 以上，湖面面积在 10km² 以上的湖泊总面积 4.4 万 km²，主要有青海湖、鄂陵湖、扎陵湖、纳木错等较大的湖泊。长江、淮河中下游和黄河、海河下游以及大

运河沿岸所分布的湖泊大都是由构造运动、水流冲击作用或古潟湖演变而成的外流湖，湖面面积在 $10km^2$ 以上的湖泊总面积 2.0 万 km^2，面积较大的有鄱阳湖、洞庭湖、太湖、洪泽湖、巢湖等。

我国外流湖和内流湖的分界线，与外流河和内流河分界线一致。内流湖水面面积 4.2 万 km^2，约占全国湖泊面积总数的 53.6%，由于远离海洋，气候干旱，水系不发育，入湖河流多为短小的间歇性河流，湖泊处于封闭或半封闭的内陆盆地之中，以咸水湖和盐湖为主。外流湖区降水丰沛，水系发达，湖泊补给来源充足，湖水矿化度低，以淡水吞吐型湖泊为主，湖泊大多直接或间接与河流或海洋连通，在水文循环和经济社会发展中发挥着重要作用。

（三）典型湖泊

1. 鄱阳湖

鄱阳湖古称彭蠡泽、彭泽、官亭湖，位于江西省北部，东西长 85km，南北长 152km，属长江流域鄱阳湖水系，常年水面面积 $2978km^2$，平均水深 8.94m，是我国第一大淡水湖。鄱阳湖北部狭长、南部宽广，集水面积 16.2 万 km^2，湖水主要依赖地表径流和湖面降水补给，地表径流主要源自赣江、修河、抚河、信江、饶河等，出流则由湖口北注长江。鄱阳湖年内洪、枯水期间的湖泊形态指标悬殊，呈现"高水为湖、低水似河"和"洪水一片、枯水一线"的景观。

2. 洞庭湖

洞庭湖位于湖南省北部，长江中游荆江南岸，东西长 123km，南北长 96.4km，属长江流域洞庭湖水系，水面面积 $2579km^2$，湖泊容积 206.4 亿 m^3，湖泊集水面积 26.2 万 km^2。湖水主要依赖地表径流和湖面降水补给，地表径流主要源自湘江、资水、沅江、澧水等河流。洞庭湖由 30 多个子湖构成，包括东洞庭湖区、南洞庭湖区、目平湖区、七里湖区和澧水洪道，湖面随水位高低变化明显，枯水时子湖出露，丰水时湖泊又连成一片。

3. 太湖

太湖古称震泽，地处江苏省东南部、江浙两省分界处，东西长 68.1km，南北长 69.1km，属长江流域太湖水系，常年水面面积 $2341km^2$，平均水深

2.06m，湖泊容积 83.8 亿 m^3，湖泊集水面积 3.6 万 km^2。太湖西岸呈圆弧状，东北岸曲折多湖湾、岬角，主要依靠湖面降水和地表径流补给，南部以苕溪汇入为主，北部入湖河流主要有江南运河、望虞河等。

4. 青海湖

青海湖又名库库诺尔、错鄂博，位于青海东部，东西长 98.8km，南北长 80.1km，属内流诸河柴达木内流水系，表层湖水矿化度平均值 15.6g/L，为咸水湖。青海湖常年水面面积 $4233km^2$，平均水深 18.4m，最大水深 26.6m，湖泊容积 785.0 亿 m^3，集水面积为 3.0 万 km^2，主要依靠湖面降水和地表径流补给，集水面积 $50km^2$ 以上的入湖河流 20 余条，主要有布哈河、恰当曲、沙柳河、哈尔盖河等。

第三节 河湖管理概述

习近平总书记指出，兴水利、除水害，古今中外，都是治国大事。我国治河历史悠久，文化底蕴深厚，治水文化成为中华优秀传统文化的重要组成部分。中华人民共和国成立以来，党和国家带领人民开展了气壮山河的水利建设，更好发挥了河湖综合功能，支撑和保障了经济社会的发展。党的十八大以来，以习近平同志为核心的党中央高度重视河湖治理保护工作，习近平总书记亲自部署推进河湖长制，擘画了国家"江河战略"，发出了"建设造福人民的幸福河"的伟大号召，为我国的江河治理保护指明了方向、提供了根本遵循。

一、河湖治理历史沿革

以农耕为主的生产方式，决定了河湖治理在我国的社会发展演替中具有极其重要的地位。史料及考古证实的大禹治水，是我国成功治水的最早实践，也是遵从自然规律进行科学治水的典范。《孟子·滕文公下》记载："当尧之时，水逆行，泛滥于中国，蛇龙居之，民无所定，下者为巢，上者为营窟。"面对洪水肆虐，大禹开启治水之路，"左准绳、右规矩"，"望山川之形，定高下之势"，从前人修建堤防挡水的方法改为疏导下泄的方法，有效消除了水患。大禹治水成功，帝舜"荐禹于天"，并禅位给大禹，开启了中国大一统的治理模式。在社会发展早期，由于生产力低下，人类对河流的开发利用能力有限，如何应对周期性的洪水泛滥是河湖治理的重点。《管子·度地》记载管仲与齐桓公治理国家的对话，"故善为国者，必先除其五害"，"五害之属，水最为大。"这种"治国先治水"的思想和主张，在我国水利史上有着十分突出的地位和影响。

考古发现，在新石器时代的仰韶文化、龙山文化时期就出现了灌溉工程。《尚书》《周礼》《管子》等文献中记载，商周时期出现了灌溉渠道、水库、水门等水利工程，西周时期沟洫工程有了发展，形成了有灌有排的初级农田灌排系统。战国至秦代，我国的科技文化繁荣发展，河湖治理和引水灌溉工程建设取得很大进展，如孙叔敖修建的芍陂灌区、李冰修建的都江堰，郑国渠、引漳十二渠、灵渠等先后建成，部分工程至今还在发挥作用。汉武帝时期，是我国历史上水利事业得到较快发展的时期之一，国家层面颁布诏书要求各地兴修水利，先后修建了漕渠、龙首渠、六辅渠、白渠等水利工程，汉武帝还亲自到现场指挥完成瓠子堵口，解决黄河水患问题。

秦汉之后，历代政权对河湖治理都给予高度重视，在工程建设、制度建设、防洪抢险等方面积累了宝贵经验。唐代制定颁布了我国第一部系统的水利法典——《水部式》，开启了依法治水管水之路。明代时期，潘季驯四次受命治理黄、淮水患，针对"黄流最浊，以斗计之，沙居其六"的特点，提出了著名的"束水攻沙"治河思路，筑堤束水、以水攻沙，有效解决了黄河下游泥沙淤积和洪水泛滥等问题，在我国治河历史上具有里程碑式的意义。清代时期，治河工作持续推进，设置了漕运总督、河道总督等岗位，负责水运与河湖治理。民国时期，李仪祉等一批接受西方近现代教育的水利专家，积极推进我国的河流治理和水利建设事业，为我国近现代水利发展奠定了坚实基础。

中华人民共和国成立后，党和政府把水利建设放在恢复和发展国民经济的重要地位。毛泽东主席先后发出了"一定要把淮河修好""要把黄河的事情办好""一定要根治海河"等指示和号召，在全国掀起了兴修水利的热潮。20世纪50年代以来，我国相继建成了密云水库、丹江口水利枢纽、三峡水利枢纽、南水北调工程等一大批水利工程，在防洪、供水、发电、航运等方面发挥着重要作用。

党的十八大以来，习近平总书记站在战略和全局高度，深刻洞察我国国情水情，深刻分析经济社会发展大势，提出"节水优先、空间均衡、系统治理、两手发力"的治水思路，对河湖保护治理作出一系列重要指示批示，提出一系列新理念、新思想、新战略，为河湖保护治理指明了前进方向、提供了根本遵循。2019年，习近平总书记发出"让黄河成为造福人民的幸福河"的伟大号召，2021年确立了国家"江河战略"。中国特色社会主义事业进入新时代，我国河湖治理正以习近平新时代中国特色社会主义思想为指导，统筹高质量发展和高水平安全，统筹高质量发展和高水平保护，系统、整体、协同推进水利发展体制机制改革，建设"河安湖晏、水清鱼跃、岸绿景美、宜居宜业、人水和谐"的幸福河湖，书写人与自然和谐共生的中国式现代化的河湖篇章。

二、河湖管理相关制度

（一）河湖管理体制

《中华人民共和国水法》《中华人民共和国防洪法》等法律以及《中华人民共和国河道管理条例》等行政法规，明确了我国的河湖管理体制及相关制度。中共中央办公厅、国务院办公厅印发的《关于全面推行河长制的意见》《关于在湖泊实施湖长制的指导意见》等文件，创新发展了河湖管理制度。

关于河湖管理体制，现有法律法规涵盖了水资源管理、河道管理等方面。《中华人民共和国水法》第十二条规定，国家对水资源实行流域管理与行政区域管理相结合的管理体制。国务院水行政主管部门负责全国水资源的统一管理和监督工作。《中华人民共和国河道管理条例》第二条明确，本条例适用于中华人民共和国领域内的河道（包括湖泊、人工水道、行洪区、蓄洪区、滞洪区）。第四条规定，国务院水利行政主管部门是全国河道的主管机关；各省、自治区、直辖市的水利行政主管部门是该行政区域的河道主管机关。按照分级管理的原则，《中华人民共和国河道管理条例》进一步明确了分级管理的具体要求。第五条规定：国家对河道实行按水系统一管理和分级管理相结合的原则；长江、黄河、淮河、海河、珠江、松花江、辽河等大江大河的主要河段，跨省、自治区、直辖市的重要河段，省、自治区、直辖市之间的边界河道以及国境边界河道，由国家授权的流域管理机构实施管理，或者由上述江河所在省、自治区、直辖市的河道主管机关根据流域统一规划实施管理；其他河道由省、自治区、直辖市或者市、县的河道主管机关实施管理。

依据《中华人民共和国水法》《中华人民共和国河道管理条例》等法律法规的规定，我国各级水行政主管部门是河湖的主管机关，并按流域、区域以及水系实行统一管理和分级管理相结合的管理体制。河湖具有行洪蓄洪、资源供给、生态支撑和文化承载等功能，在河湖资源利用以及治理保护工作中涉及多个部门职责。按照现行涉河湖管理的法律法规和《深化党和国家机构改革方案》（中发〔2018〕11号）、《国务院机构改革方案》（第十三届全国人民代表大会第一次会议审议批准）等文件规定，我国河湖管理涉及水利、生态环境、自然资源、农业农村、林草、住建、文旅等相关部门。根据水利部"三定"方案（2018年9月起实施）：水利部设内设机构河湖管理司，指导水域及其岸线的管理和保护，重要江河湖泊、河口的开发、治理和保护，河湖水生态保护与修复以及河湖水系连通工作；监督管理河道采砂工作，指导河道采砂规划和计划的编制，组织实施河道管理范围内工程建设方案审查制度。

为进一步加强河湖管理工作，落实属地责任，2016年和2017年，中共中央办公厅、国务院办公厅先后印发《关于全面推行河长制的意见》《关于在湖泊实施湖长制的指导意见》，在全国推行河湖长制，设立省、市、县、乡四级河长湖长，建立以党政领导负责制为核心的河湖管理保护责任体系。河湖长制未改变原有河湖管理体制，但通过明确各级河长湖长职责，强化工作措施，协调各部门力量，形成了一级抓一级、层层抓落实的河湖治理保护工作格局，有效解决了一批长期影响河湖健康的"顽疾旧病"，我国河湖面貌发生了历史性变化。

（二）河湖管理制度

依据现行法律法规和规范性文件，我国河湖管理明确了规划约束、取水许可、涉河建设项目审批、水域岸线保护、采砂许可、水域岸线使用补偿、河湖执法监管、河湖长制工作等各项制度。

1. 规划约束制度

《中华人民共和国河道管理条例》第十六条规定，城镇建设和发展不得占用河道滩地。城镇规划的临河界限，由河道主管机关会同城镇规划等有关部门确定。沿河城镇在编制和审查城镇规划时，应当事先征求河道主管机关的意见。《中华人民共和国黄河保护法》第二十四条规定，国民经济和社会发展规划、国土空间总体规划的编制以及重大产业政策的制定，应当与黄河流域水资源条件和防洪要求相适应，并进行科学论证。第二十五条规定，国家对黄河流域国土空间严格实行用途管制。黄河流域县级以上地方人民政府自然资源主管部门依据国土空间规划，对本行政区域黄河流域国土空间实行分区、分类用途管制。《中华人民共和国长江保护法》第二十六条规定，国家对长江流域河湖岸线实施特殊管制。国家长江流域协调机制统筹协调国务院自然资源、水行政、生态环境、住房和城乡建设、农业农村、交通运输、林业和草原等部门和长江流域省级人民政府划定河湖岸线保护范围，制定河湖岸线保护规划，严格控制岸线开发建设，促进岸线合理高效利用。这些法律法规共同构成了我国河湖管理规划约束制度的基础，旨在通过法律手段规范河湖的保护、管理和利用，确保河湖资源的可持续利用和生态环境的保护。

2. 取水许可制度

取水许可有关制度规定主要来源于《取水许可和水资源费征收管理条例》。该条例规定了取水的定义、取水许可的申请条件、水资源费的征收标准和管理机构等重要内容。该条例明确规定，取水是指利用取水工程或设施直接从江河、湖泊或地下取用水资源，包括各种取水工程或设施，如闸、坝、渠道、人工河道等。关于取水许可的申请条件，该条例规定，除特定情况外，所有利用取水工程或设施从水资源中取水的单位和个人都必须申请领取取水许可证，并缴纳水资源费。关于水资源费的征收和管理，该条例规定了水资源费的征收标准，并明确了各级政府相关部门在征收、管理和监督水资源费方面的职责。关于管理机构的职责，该条例规定，县级以上人民政府水行政主管部门负责取水许可制度的组织实施和监督管理，国务院水行政主管部门设立的流域管理机构负责其管辖范围内的相关工作。

3. 涉河建设项目审批制度

《中华人民共和国河道管理条例》第十一条规定，修建开发水利、防治水害、整治河道的各类工程和跨河、穿河、穿堤、临河的桥梁、码头、道路、渡口、管道、缆线等建筑物及设施，建设单位必须按照河道管理权限，将工程建设方案报送河道主管机关审查同意。该条例规定河道的主管机关为各级水行政主管部门，但是河道的整治与建设也需兼顾其他部门的要求。第十三条规定，交通部门进行航道整治，应当符合防洪安全要求，并事先征求河道主管机关对有关设计和计划的意见；水利部门进行河道整治，涉及航道的，应当兼顾航运的需要，并事先征求交通部门对有关设计和计划的意见。

4. 水域岸线保护制度

《中华人民共和国河道管理条例》从河道管理范围的划定、河道管理范围内禁止性活动和限制性活动等方面，对河道水域岸线保护制度进行了规定。该条例规定的河道保护的核心内容是河道内从事建设和生产的各项活动都必须符合防洪规划、安全管理的要求，不得影响河势稳定，不得危害堤防安全以及妨碍行洪和输水。第二十四条规定，在河道管理范围内，禁止修建围堤、阻水渠道、阻水道路；种植高秆农作物、芦苇、杞柳、荻柴和树木（堤防防护林除外）；设置拦河渔具；弃置矿渣、石渣、煤灰、泥土、垃圾等。第二十七条规定，禁止围湖造田。湖泊的开发利用规划必须经河道主管机关审查同意。禁止围垦河流，确需围垦的，必须经过科学论证，并经省级以上人民政府批准。《关于全面推行河长制的意见》针对加强河湖水域岸线管理保护也提出明确要求，如严格水域岸线等水生态空间管控，依法划定河湖管理范围，落实规划岸线分区管理要求，强化岸线保护和节约集约利用。

5. 采砂许可制度

《中华人民共和国河道管理条例》第二十五条规定，在河道管理范围内进行采砂等活动，必须报经河道主管机关批准；涉及其他部门的，由河道主管机关会同有关部门批准。《长江河道采砂管理条例》第三条明确了长江河道采砂的管理制度和管理机构，第四条～第六条规定了长江采砂规划的编制主体、原则、包含内容、审批程序等内容，规定了在河道管理范围内从事长江采砂活动的单位和个人须办理采砂许可证。第九条～第十二条对采砂许可证的发放审批机关、审批原则、申请程序等内容进行了规定。第十六条规定了采砂船舶在禁采期内的停放要求。

6. 河湖执法监管制度

水利部《关于加强河湖管理工作的指导意见》提出建立河湖日常巡查责任制，明确河湖巡查内容，加强对涉河建设项目、水利工程管护、河湖采砂、排污口设置等涉河活动的巡查检查，加大重要河湖、重点河段和重要时段的巡查密度和力度。该意见还明确，制定完善的河湖名录，建立河湖管理信息系统，实现河湖管理信息化；积极运用遥感、空间定位、卫星航片、视频监控等科技手段，对重点河湖、水域岸线、河道采砂进行动态监控，为河湖管理和行政执法提供技术支撑。《关于全面推行河长制的意见》明确提出加强执法监管，加大河湖管理保护监管力度，建立健全部门联合执法机制，完善行政执法与刑事司法衔接机制，要严厉打击涉河湖违法行为，坚决清理整治非法排污、设障、捕捞、养殖、采砂、采矿、围垦、侵占水域岸线等活动。

7. 河湖长制工作制度

河湖长制实施以后，水利部明确规定建立河湖长制六项制度，包括河长会议制度、信息共享制度、信息报送制度、工作督察制度、考核问责与激励制度、验收制度。此外，为确保河湖长制有效实施，国家层面出台了河湖长制工作部际联席会议、河长湖长履职等制度。如《河湖长制工作部际联席会议工作规则》规定了河湖长制工作部际联席会议的组织架构、工作职责、会议制度和信息交流机制，以确保河湖管理保护工作的协调和推进。《河长湖长履职规范（试行）》明确了河长、湖长的具体职责和行为规范，以确保能够有效履行监督和协调职责，推动河湖管理和保护工作的落实。地方结合工作实际，探索实行了河长巡河、问题督办、联合执法、河长办联合办公等制度机制，有效保障了河湖长制的顺利实施。

三、河湖治理保护成效

我国河湖治理保护历史悠久。中华人民共和国成立以来，党和政府带领全国各族人民开展了大规模江河治理，统筹推进水灾害防治和水资源、水环境、水生态治理保护，取得了举世瞩目的辉煌成就。

（一）河湖治理工程体系基本形成

洪涝灾害是我国发生最频繁、危害最大、造成损失最严重的自然灾害之一，自古以来就是中华民族的心腹之患。中华人民共和国成立以来，按照"除害与兴利相结合"的方针，对大江大河大湖进行全面系统治理。通过重大水利枢纽及水库建设、堤防达标建设、水闸泵站建设、中小河流治理等工程项目持续实施，库堤结合的河湖治理工程体系基本形成，洪涝灾害监测及"预报、预警、预演、预案"措施持续加强，江河湖泊的防灾减灾能力明显增强，有效保障了人民生命财产安全。党的十八大以来，我国先后实施了长江流域退田还湖、黄河下游防洪治理、淮河行蓄洪区调整和建设、嫩江松花江干流治理、辽河干流堤防加固、太湖环湖大堤加固、西江干流治理等一批流域堤防建设工程，大江大河已基本建成流域全覆盖的堤防工程体系，并经受住了历次洪水的考验。据《中国水利统计年鉴（2024）》统计，截至2023年年底，我国堤防长度32.5万km，保护耕地面积6.26亿亩，保护人口63941万人；全国水库94877座，总库容9999亿 m^3；全国建有水闸94460座。2023年汛期，水利部门调度4512座（次）大中型水库拦蓄洪水603亿 m^3，减淹城镇1299个（次），减淹耕地1610万亩，避免人员转移721万人（次），发挥了巨大的防洪减灾效益。

（二）河湖水资源配置格局逐步完善

水资源时空分布不均是我国的基本水情，因地制宜修建蓄水、引水、提水和调水工程，以解决季节性、区域性缺水问题，是河湖水资源开发的内生要求。考古发现，在新石器时代，先民就开始修建灌溉设施用于生产。都江堰水利工程统筹防洪与灌溉，至今发挥作用。中华人民共和国成立以来，密云水库、潘家口水库、大伙房水库等一批重点水源工程相继建成，引滦入津、引黄济青等一批引水工程发挥了重要供水任务，南水北调东中线一期工程如期建成通水，全国水利工程供水能力超9000亿 m^3，我国河湖水资源利用和空间调控能力持续增强，水资源配置格局不断完善优化。据2023年《中国水资源公报》统计，地表水源供水量为

4874.7亿 m³，占供水总量的 82.5％。2023年，南水北调东、中线一期工程年度调水 85.37亿 m³，累计调水超过 680亿 m³，惠及沿线 44座大中城市，直接受益人口超过 1.76亿人。2023年，中共中央、国务院印发《国家水网建设规划纲要》，明确要统筹解决水资源、水生态、水环境、水灾害问题，以大江大河干流及重要江河湖泊为基础，以南水北调工程东、中、西三线为重点，科学推进一批重大引调排水工程规划建设，形成现代化高质量水利基础设施网络，增强水资源调控能力和供给能力，保障经济社会高质量发展。目前，安徽引江济淮工程已实现通水通航，陕西引汉济渭工程、甘肃引洮供水二期工程实现通水，南水北调中线引江补汉工程、淮河入海水道二期工程、环北部湾水资源配置等重大工程加快推进，以"系统完备、安全可靠、集约高效、绿色智能、循环通畅、调控有序"为目标的国家水网体系正在形成。

（三）河湖水体质量明显改善

20世纪80年代以来，我国加快治理河湖水体污染，制定颁布了《中华人民共和国水污染防治法》，出台了《地表水环境质量标准》等。由于对水污染及其防治的规律性认识把握不够，河湖水体质量在一段时期持续恶化，甚至出现"有河皆污"的现象。根据2001年《中国环境状况公报》发布的数据，2001年度七大水系监测的752个重点断面中，Ⅰ～Ⅲ类水质占 29.5％，Ⅳ类水质占 17.7％，Ⅴ类和劣Ⅴ类水质占 52.8％，一半以上的监测断面属于Ⅴ类和劣Ⅴ类水质，城市及其附近河段污染严重，滇池、太湖和巢湖富营养化问题十分突出。为改善河湖水体质量，国家制定并实施重点流域"九五""十五"水污染防治计划，实行污染物总量控制制度，开展"三河"（淮河、辽河、海河）、"三湖"（太湖、滇池、巢湖）等重点河湖的污染防治工作，一些河段和湖体水质有明显的改善。党的十八大以来，以习近平同志为核心的党中央从中华民族永续发展的高度出发，大力推动生态文明理论创新、实践创新、制度创新，形成了习近平生态文明思想。在习近平生态文明思想的指引下，我国江河湖泊水体污染防治坚持标本兼治、水岸同治的思路并采取源头治理、系统治理、综合治理的措施，取得显著成效。2014年3月，习近平总书记主持召开中央财经领导小组第五次会议，提出"节水优先、空间均衡、系统治理、两手发力"的治水思路，为系统解决我国水灾害水资源水生态水环境等新老水问题、保障国家水安全提供了根本遵循和行动指南。2016年以来，习近平总书记亲自谋划、亲自部署、亲自推动在全国全面建立河湖长制，由省、市、县、乡四级党政负责同志担任河长湖长，负责河湖保护治理，有效推动解决了水污染防治的难题，我国河湖水体质量显著改善。根据《2023中国生态环境状况公报》，全国地表水环境质量优良（Ⅰ～Ⅲ类）水质断面比例为89.4%，同比上升1.5个百分点，累计上升21.6个百分点。清水绿岸、鱼翔浅底的河湖美景又回到群众身边。

（四）河湖生态复苏成效显著

江河湖泊是自然生态系统的重要组成部分，复苏河湖生态、维护河湖健康生命，实现人与自然和谐共生，是高质量发展的必然要求。不同发展阶段经济社会发展的主要矛盾不同，河湖治理保护的工作重点也不同。20世纪五六十年代，围绕解决温饱问题，一些地方围湖造田，河湖及自然湿地面积萎缩明显。20世纪50年代以来，塔里木河下游水量减少，到70年代，下游数百公里河道干涸，出现林木枯死、土地沙化等生态环境问题。70年代开始，黄河下游出现断流，1972—1999年的28年，有22年发生断流，其中1997年断流达226天，断流河道超过700km，从入海口一直上延至河南开封。随着工业化、城镇化快速发展，资源开发强度持续增加，一些地方出现侵占河湖岸线及水域空间、污染河湖水体、过度开发利用水资源等问题，河流断流、湖泊干涸、水质恶化、鱼虾绝迹等生态环境问题凸显。为保护和复苏河湖生态环境，20世纪90年代以来，水利部会同各地组织开展了延续至今的河湖综合治理和生态修复工作，取得显著成效。针对黄河断流造成的生态损害，水利部黄河水利委员会加强管理与调度，自1999年以来连续25年不断流，特别是从2002年开始连续22年实施调水调沙和生态补水，综合解决下游河道淤积、河流生态用水不足等问题，黄河下游沿岸以及河口三角洲生态状况持续好转，流域生物多样性得到有效保护。2000年以来，相继启动了塔里木河、黑河、石羊河等内陆河生态修复治理，下游河湖生态环境显著改善，为构建西北地区生态屏障发挥了重要作用。党的十八大以来，水利部会同相关部门和地方，认真落实习近平总书记指示批示，积极推进复苏河湖生态环境，建设造福人民的幸福河。2022年印发了《母亲河复苏行动方案（2022—2025年）》，在全国部署开展幸福河湖建设试点。2021年，永定河865km河道实现全线通水；2022年京杭大运河百年来首次全线水流贯通；根据《2024年汛期西辽河干流全线过流调度预案》，目前西辽河干流全线通水即将实现。随着我国河湖治理保护各项工作持续推进，河湖生态环境显著改善，生态系统功能显著恢复，"白鸟一双临水立，见人惊起入芦花"的河湖美景重现，"望得见山、看得见水、记得住乡愁"的山水田园意境重构，人民群众的获得感、幸福感、安全感持续增加。

第二章　河湖管理政策法规

依法依规开展河湖治理保护，是我国治河的基本经验，也是全面依法治国的重要组成部分。中华人民共和国成立以来，党和政府高度重视水利法治建设工作，《中华人民共和国水法》《中华人民共和国防洪法》等法律相继颁布实施，为依法强化河湖管理奠定了坚实的法治基础。党的十八大以来，以习近平同志为核心的党中央从坚持和发展中国特色社会主义的全局和战略高度，创造性地提出了关于全面依法治国的一系列具有原创性、标志性的新理念新思想新战略，形成习近平法治思想，为新时代依法强化河湖管理提供了根本遵循。本章对相关政策法规中涉及河湖管理的条款和要求进行梳理，为依法依规开展河湖管理工作提供依据参考。

第一节　河湖管理法律

我国尚未出台河湖管理的专门法律。《中华人民共和国水法》《中华人民共和国防洪法》中对河湖的开发、利用、治理、保护和管理提出明确要求。《中华人民共和国水污染防治法》《中华人民共和国航道法》《中华人民共和国港口法》等法律中包含河湖治理保护与开发利用的相关规定。为更好地保护好长江、黄河，我国先后于2021年、2023年颁布实施了《中华人民共和国长江保护法》《中华人民共和国黄河保护法》。

一、《中华人民共和国水法》

《中华人民共和国水法》[1]从开发、利用、节约、保护、管理水资源

---

[1] 2002年8月29日第九届全国人民代表大会常务委员会第二十九次会议修订通过，2009年8月27日第十一届全国人民代表大会常务委员会第十次会议第一次修正，2016年7月2日第十二届全国人民代表大会常务委员会第二十一次会议第二次修正。

的角度对河湖管理作出明确规定。相关要求包含在水资源管理体制、水资源规划制度、水能资源开发制度、水运资源开发及利用制度、水功能区划制度（含水域纳污能力）、饮用水水源保护区制度、入河排污口监督管理制度、取水许可制度、涉河湖禁止性行为、限制性行为及相关法律责任的条款中。以下对《水法》中16项条款的规定进行梳理。

第12条规定，国家对水资源实行流域管理与行政区域管理相结合的管理体制。第17条规定，国家确定的重要江河、湖泊的流域综合规划，由国务院水行政主管部门会同国务院有关部门和有关省、自治区、直辖市人民政府编制，报国务院批准。第26条规定，国家鼓励开发、利用水能资源。第27条规定，国家鼓励开发、利用水运资源。第30条规定，各级政府在制定水资源开发、利用规划时要注意维持江河的合理流量和湖泊、水库以及地下水的合理水位。第32条规定，水功能区划制度的制定，以及水功能区水质检测制度。第34条规定，禁止在饮用水水源保护区内设置排污口。第37条规定，禁止在河道管理范围内建设妨碍行洪的建筑物、构筑物以及从事影响河势稳定、危害河岸堤防安全和其他妨碍河道行洪的活动。第38条规定，在河道管理范围内的工程应当符合国家规定的防洪标准和其他有关的技术要求。第39条规定，国家实行河道采砂许可制度。第40条规定，禁止围湖造地。第45条规定，要以流域为单元制定水量分配方案。第48条规定，应当按照取水许可制度和水资源有偿使用制度的规定，申请取水许可证，并缴纳水资源费。第65条~第67条规定，从事禁止性行为的法律责任。

二、《中华人民共和国防洪法》

《中华人民共和国防洪法》❶ 从防治洪水及防御、减轻洪涝灾害角度对河湖管理作出明确规定。相关要求包含在防洪规划制度、河口整治规划制度、河湖管理范围划定、河湖清障、蓄滞洪区管理、涉河湖禁止性

---

❶ 1997年8月29日第八届全国人民代表大会常务委员会第二十七次会议通过，2009年8月27日第十一届全国人民代表大会常务委员会第十次会议第一次修正，2015年4月24日第十二届全国人民代表大会常务委员会第十四次会议第二次修正，2016年7月2日第十二届全国人民代表大会常务委员会第二十一次会议第三次修正。

行为、限制性行为及相关法律责任的条款中。以下对《防洪法》中20项条款的规定进行梳理。

第4条规定，江河、湖泊治理应当符合流域综合规划，与流域水资源的综合开发相结合。第17条规定，在江河、湖泊上建设防洪工程和其他水工程、水电站等，应当符合防洪规划的要求。第18条规定，要加强河道防护，保持行洪畅通。第19条规定，整治河道应当兼顾上下游、左右岸关系，按照规划治导线实施。第20条规定，整治河道、湖泊，涉及航道的，应征求交通主管部门的意见；整治航道应征求水行政主管部门的意见。第21条规定，河道、湖泊管理实行按水系统一管理和分级管理相结合的原则，明确河道、湖泊管理范围划定要求。第22条规定，河道、湖泊管理范围内的土地和岸线的利用，应当符合行洪、输水的要求。第23条规定，禁止围湖造地。第24条规定，外迁居住在行洪河道内的居民。第27条规定，水工程设施建设应当符合防洪标准。第28条规定，河道、湖泊管理范围内工程竣工验收时，应当有水行政主管部门参加。第40条规定，应制定防御洪水方案。第42条规定，河道、湖泊清障。第49条、第50条规定，江河、湖泊的治理和防洪工程设施的建设和维护所需投资由中央和地方财政承担。第53条～第57条规定，从事禁止性行为的法律责任。

三、《中华人民共和国水污染防治法》

《中华人民共和国水污染防治法》❶从防治水污染、保护水生态、保障饮用水安全角度，对河湖管理保护作出明确规定。相关要求包含在河长制、水环境生态保护补偿机制、水污染防治规划、水环境质量监测制度、水污染物排放监测制度、水污染防治制度、涉河湖禁止性行为、限制性行为及相关法律责任的条款中。以下对《水污染防治法》中17项条款的规定进行梳理。

---

❶ 1984年5月11日第六届全国人民代表大会常务委员会第五次会议通过，1996年5月15日第八届全国人民代表大会常务委员会第十九次会议第一次修正，2008年2月28日第十届全国人民代表大会常务委员会第三十二次会议修订，2017年6月27日第十二届全国人民代表大会常务委员会第二十八次会议第二次修正。

第5条规定，省、市、县、乡建立河长制，分级分段组织领导本行政区域内江河、湖泊的水资源保护、水域岸线管理、水污染防治、水环境治理等工作。第8条规定，建立水环境生态保护补偿机制。第9条规定，县级以上人民政府环境保护主管部门对水污染防治实施统一监督管理。第13条规定，制定水环境质量标准。第22条规定，排污口的设置。第26条规定，对水环境质量监测。第27条规定，生态水位制度。第28条规定，建立重要江河、湖泊的流域水环境保护联合协调机制。第29条规定，对流域环境资源承载能力进行监测、评价。第83条～第85条、第90条～第94条规定，从事禁止性行为的法律责任。

四、《中华人民共和国长江保护法》

《中华人民共和国长江保护法》❶作为我国第一部流域专门法律，建立了完整的、系统的长江大保护的制度体系，形成了保护母亲河的硬约束机制。其中涉及河湖管理的规定32条，相关要求包含在长江流域协调机制、规划制度、双控制度、生态用水制度、河道湖泊保护制度等条款中。

第4条～第6条规定，建立长江流域协调机制，统一指导、统筹协调长江保护工作，长江流域各级河湖长负责长江保护相关工作。第9条规定，建立监测信息共享机制、生态环境风险报告和预警机制。第10条规定，建立长江流域突发生态环境事件应急联动工作机制。第21条规定，长江流域水资源实施取用水总量控制和消耗强度控制管理制度。第23条规定，国家加强对长江流域水能资源开发利用管理。第24条规定，国家对长江干流和重要支流源头实行严格保护。第25条规定，对长江流域河道、湖泊实行严格保护。第26条规定，对长江流域河湖岸线实施特殊管制。第28条规定，建立长江流域河道采砂规划和许可制度。第30条规定，制定跨省河流水量分配方案。第31条规定，国家加强长江流域生态用水保障。第32条规定，建立防洪减灾工程和非工程体系。第33条规

---

❶ 2020年12月26日第十三届全国人民代表大会常务委员会第二十四次会议通过，自2021年3月1日起施行。

定，国家对跨长江流域调水实行科学论证。第 34 条规定，国家加强长江流域饮用水水源地保护。第 35 条规定，制定饮用水安全突发事件应急预案。第 43 条规定，加大对长江流域的水污染防治、监管力度，预防、控制和减少水环境污染。第 44 条规定，制定长江流域水环境质量标准。第 47 条规定，统筹长江流域城乡污水集中处理设施及配套管网建设。第 54 条规定，制定并组织实施长江干流和重要支流的河湖水系连通修复方案。第 55 条规定，制定长江流域河湖岸线修复规范。第 56 条规定，加强消落区的生态环境保护和修复。第 58 条规定，加大对重点湖泊实施生态环境修复的支持力度。第 60 条规定，制定实施长江河口生态环境修复和其他保护措施方案。第 63 条规定，鼓励社会资本投入长江流域生态环境修复。第 71 条规定，国家加强长江流域综合立体交通体系建设。第 75 条规定，加大长江流域生态环境保护和修复的财政投入。第 76 条规定，国家建立长江流域生态保护补偿制度。第 77 条规定，鼓励有关单位为长江流域生态环境保护提供法律服务。第 78 条规定，国家实行长江流域生态环境保护责任制和考核评价制度。第 80 条规定，对长江流域跨行政区域、生态敏感区域和生态环境违法案件高发区域以及重大违法案件，依法开展联合执法。

五、《中华人民共和国黄河保护法》

为了加强黄河流域生态环境保护，保障黄河安澜，依法推进黄河流域生态保护和高质量发展各类活动，颁布实施《中华人民共和国黄河保护法》[1]，从黄河流域统筹协调机制、规划与管控制度、生态保护与修复制度、水沙调控与防洪安全制度等方面对河湖管理作出明确规定。以下重点梳理 17 项主要条款。

第 4 条规定，国家建立黄河流域生态保护和高质量发展统筹协调机制，全面指导、统筹协调黄河流域生态保护和高质量发展工作。第 6 条规定，黄河流域建立省际河湖长联席会议制度。第 15 条规定，建立健全黄

---

[1] 2022 年 10 月 30 日第十三届全国人民代表大会常务委员会第三十七次会议通过，自 2023 年 4 月 1 日起施行。

河流域信息共享系统，组织建立智慧黄河信息共享平台。第 26 条规定，制定生态环境分区管控方案和生态环境准入清单。第 28 条规定，建立水资源、水沙、防洪防凌综合调度体系，实施黄河干支流控制性水工程统一调度。第 30 条规定，加大对黄河干流和支流源头、水源涵养区的雪山冰川、高原冻土、高寒草甸、草原、湿地、荒漠、泉域等的保护力度。第 33 条规定，开展小流域综合治理、坡耕地综合整治、黄土高原塬面治理保护、适地植被建设等水土保持重点工程。第 36 条规定，编制并实施黄河入海河口整治规划，合理布局黄河入海流路，加强河口治理。第 37 条规定，确定黄河干流、重要支流控制断面生态流量和重要湖泊生态水位的管控指标，组织编制和实施生态流量和生态水位保障实施方案。第 66 条规定，黄河滩区土地利用、基础设施建设和生态保护与修复应当满足河道行洪需要，发挥滩区滞洪、沉沙功能。第 67 条规定，国家加强黄河流域河道、湖泊管理和保护。第 68 条规定，黄河流域河道治理，应当因地制宜采取治理措施，加强悬河和游荡性河道整治，增强河道、湖泊、水库防御洪水能力。第 69 条规定，实行黄河流域河道采砂规划和许可制度。第 77 条规定，对沿河道、湖泊的地下水重点污染源及周边地下水环境风险隐患组织开展调查评估。第 87 条规定，完善交通运输、水利、能源、防灾减灾等基础设施网络。第 102 条规定，建立健全黄河流域生态保护补偿制度。第 103 条规定，实行黄河流域生态保护和高质量发展责任制和考核评价制度。

六、《中华人民共和国航道法》

《中华人民共和国航道法》[1] 从航道管理保护的角度对河湖管理保护作出明确规定。以下重点梳理 5 项主要条款。

第 3 条规定，航道应统筹兼顾供水、灌溉、发电、渔业等需求，发挥水资源的综合效益。第 6 条规定，航道规划应当符合水资源规划、防洪规

---

[1] 2014 年 12 月 28 日第十二届全国人民代表大会常务委员会第十二次会议通过，自 2015 年 3 月 1 日起施行，2016 年 7 月 2 日第十二届全国人民代表大会常务委员会第二十一次会议修正。

划、海洋功能规划，并与涉及水资源综合利用的相关专业规划相协调。第 14 条规定，进行航道工程建设应当维护河势稳定，符合防洪要求。第 25 条规定，在通航河流上建设永久性拦河闸坝，建设单位应当按照航道发展规划技术等级建设通航建筑物。第 26 条规定，在航道保护范围内建设临河、临湖、临海建筑物或者构筑物，应当符合该航道通航条件的要求。

七、《中华人民共和国渔业法》

《中华人民共和国渔业法》❶ 从渔业水域管理保护角度对河湖管理保护作出明确规定。以下重点梳理 6 项主要条款。

第 11 条规定，国家对水域利用进行统一规划，确定可以用于养殖业的水域和滩涂。第 20 条规定，从事养殖生产应当保护水域生态环境。第 29 条规定，国家保护水产种质资源及其生存环境。第 33 条规定，渔业生产所需最低水位线。第 34 条规定，禁止围湖造田。第 36 条规定，要保护和改善渔业水域的生态环境，防治污染。

八、《中华人民共和国港口法》

《中华人民共和国港口法》❷ 从港口建设管理的角度对河湖管理作出明确规定。以下重点梳理 3 项条款。

第 7 条规定，港口规划应当体现合理利用岸线资源的原则，并与江河流域规划、防洪规划等相衔接、协调。第 16 条规定，港口建设使用土地和水域，应当依照有关河道管理的规定办理。第 37 条规定，在港口水域

---

❶ 1986 年 1 月 20 日第六届全国人民代表大会常务委员会第十四次会议通过，2000 年 10 月 31 日第九届全国人民代表大会常务委员会第十八次会议第一次修正，2004 年 8 月 28 日第十届全国人民代表大会常务委员会第十一次会议第二次修正，2009 年 8 月 27 日第十一届全国人民代表大会常务委员会第十次会议第三次修正，2013 年 12 月 28 日第十二届全国人民代表大会常务委员会第六次会议第四次修正。

❷ 2003 年 6 月 28 日第十届全国人民代表大会常务委员会第三次会议通过，2015 年 4 月 24 日第十二届全国人民代表大会常务委员会第十四次会议第一次修正，2017 年 11 月 4 日第十二届全国人民代表大会常务委员会第三十次会议第二次修正，2018 年 12 月 29 日第十三届全国人民代表大会常务委员会第七次会议第三次修正。

九、《中华人民共和国湿地保护法》

《中华人民共和国湿地保护法》❶从湿地保护的角度对河湖管理保护作出明确规定。以下重点梳理7项主要条款。

第2条规定，江河、湖泊、海域等的湿地保护、利用及相关管理活动还应当适用《中华人民共和国水法》等有关法律的规定。第15条规定，编制湿地保护规划应当与流域综合规划、防洪规划等规划相衔接。第21条规定，除因防洪、航道、港口或者其他水工程占用河道管理范围及蓄滞洪区内的湿地外，经依法批准占用重要湿地的恢复或者重建与所占用湿地面积和质量相当的湿地。第25条规定，在湿地范围内从事水产养殖、航运等利用活动，应当避免改变湿地的自然状况。第28条规定，禁止向湿地排放不符合水污染物排放标准的工业废水、生活污水及其他污染物。第31条规定，应当加强对河流、湖泊范围内湿地的管理和保护。第38条规定，组织开展湿地保护与修复，应当保障湿地基本生态用水需求，维护湿地生态功能。

十、《中华人民共和国青藏高原生态保护法》

《中华人民共和国青藏高原生态保护法》❷从青藏高原生态保护的角度对河湖管理保护作出明确规定。以下重点梳理3项主要条款。

第21条规定，建立健全青藏高原江河、湖泊管理和保护制度，完善河湖长制，加大对重点河流和重点湖泊的保护力度。第22条规定，青藏高原水资源开发利用，应当符合流域综合规划。第32条规定，加强对重要江河源头区和水土流失重点预防区、治理区，人口相对密集高原河谷区的水土流失防治。

---

❶ 2021年12月24日第十三届全国人民代表大会常务委员会第三十二次会议通过，自2022年6月1日起施行。

❷ 2023年4月26日第十四届全国人民代表大会常务委员会第二次会议通过，自2023年9月1日起施行。

第二节 河湖管理行政法规

根据宪法和有关法律，我国制定了多部与河湖管理相关的行政法规。1988年，《中华人民共和国河道管理条例》颁布施行。1995年，《淮河流域水污染防治暂行条例》颁布施行。2001年，《长江河道采砂管理条例》颁布施行。2011年，《太湖流域管理条例》颁布施行。涉河湖管理的重要行政法规有关规定梳理如下。

一、《中华人民共和国河道管理条例》

《中华人民共和国河道管理条例》❶是我国第一部河湖管理的专项综合性行政法规。全文共51条，分总则、河道整治与建设、河道保护、河道清障、经费、罚则、附则等七章。该法规从保障防洪安全，发挥河湖综合效益的角度出发，对河道（包括湖泊、人工水道、行洪区、蓄洪区、滞洪区）管理作出明确规定。以下重点梳理25项主要条款。

第4条规定，水行政主管部门是河道主管机关。第5条规定，河道管理实行按水系统一管理和分级管理相结合的管理体制。第7条规定，河道防汛和清障实行地方行政首长负责制。第11条规定，修建各类水工程和跨河、穿河、穿堤、临河的建筑物及设施必须经过河道主管机关审查同意。第13条规定，航道、河道整治应事先征求水利、交通、林业、渔业等主管部门意见。第15条规定，堤顶或戗台兼做公路必须经河道主管机关批准。第16条规定，城镇建设和发展不得占用河道滩地。第17条规定，河道岸线的利用和建设应当服从河道整治和航道整治规划。第20条规定，有堤防河道、无堤防河道的管理范围。第21条规定，河道管理范围内水域和土地（包括滩地）的利用要求。第24条规定，河道管理范围内的禁止性行为。第25条规定，河道管理范围内需要经河道主管机关批准的限制性行为。第27条规定，禁止围湖造田、围垦河流。第28条规

---

❶ 1988年6月10日国务院令第3号发布施行，2011年1月8日第一次修正，2017年3月1日第二次修正，2017年10月7日第三次修正，2018年3月19日第四次修正。

定，加强河道滩地水土保持。第29条规定，不得擅自填堵、占用或拆毁江河故道。第32条规定，山区河道（段）的禁止性行为。第33条规定，在河道流放竹木的要求。第34条规定，河湖排污口设置和扩大应征求河道主管机关同意。第35条规定，河道管理范围内禁止污染水体的行为。第36条、第37条规定，河道清障。第40条规定，在河道管理范围内采砂、取土、淘金必须缴纳管理费。第41条、第44条、第45条规定，从事禁止性行为的法律责任。

二、《节约用水条例》

《节约用水条例》[1] 是我国首部关于节水的专门行政法规，旨在促进全社会节约用水，保障国家水安全，推进生态文明建设，推动高质量发展。全文共52条，分总则、用水管理、节水措施、保障和监督、法律责任、附则等六章。该法规对节水工作的责任主体、主要制度、关键措施、保障监督、法律责任等作出了系统性规定。以下重点梳理5项主要条款。

第7条规定，国务院水行政主管部门负责全国节水工作。第12条规定，县级以上地方人民政府水行政主管部门会同有关部门，根据用水定额、经济技术条件以及水量分配方案、地下水控制指标等确定的可供本行政区域使用的水量，制定本行政区域年度用水计划，对年度用水实行总量控制。第25条规定，水资源短缺地区、地下水超采地区应当优先发展节水灌溉。第33条规定，水资源短缺地区应当严格控制人造河湖等景观用水。第34条规定，水资源短缺地区县级以上地方人民政府应当制定非常规水利用计划，提高非常规水利用比例。

三、《地下水管理条例》

《地下水管理条例》[2] 是我国为加强地下水管理、防治地下水超采和污染、保障地下水质量和可持续利用、推进生态文明建设而制定的重要

---

[1] 2024年2月23日国务院第26次常务会议通过，2024年3月20日国务院令第776号公布，自2024年5月1日起施行。

[2] 2021年9月15日国务院第149次常务会议通过，2021年10月29日国务院令第748号公布，自2021年12月1日起施行。

行政法规。全文共64条，分总则、调查与规划、节约与保护、超采治理、污染防治、监督管理、法律责任、附则等八章。以下重点梳理8项主要条款。

第四条规定，国务院水行政主管部门负责全国地下水统一监督管理工作。第五条规定，县级以上地方人民政府水行政主管部门按照管理权限，负责本行政区域内地下水统一监督管理工作。第十条规定，定期组织开展地下水状况调查评价工作。第十五条规定，国家建立地下水储备制度。第十六条规定，国家实行地下水取水总量控制制度。第二十条规定，制定地下水年度取水计划，对本行政区域内的年度取用地下水实行总量控制，并报上一级人民政府水行政主管部门备案。第三十一条规定，组织划定全国地下水超采区，并依法向社会公布。第四十六条规定，建立统一的国家地下水监测站网和地下水监测信息共享机制，对地下水进行动态监测。

四、《中华人民共和国航道管理条例》

《中华人民共和国航道管理条例》❶适用于中华人民共和国沿海和内河的航道、航道设施以及与通航有关的设施。全文共32条，分总则、航道的规划和建设、航道的保护、航道养护经费、罚则、附则等六章。该法规明确了航道的规划制度、建设要求、保护制度等。以下重点梳理11项主要条款。

第七条～第十条规定，航道发展规划应结合水利水电、城市建设以及铁路、公路、水运发展规划和国家批准的水资源综合规划制定；规划涉及航运、水利水电工程、河流流域规划时，应有交通主管部门和水利电力主管部门参加。第十二条规定，在行洪河道上建设航道，必须符合行洪安全的要求。第十五条～第十七条规定，在通航河流上建设永久性拦河闸坝，或在不通航河流或者人工渠道上建设闸坝后可以通航的，建设单位应当同时建设适当规模的过船建筑物。第十八条规定，在通航河段或其上游兴建水利工程控制或引走水源，建设单位应当保证航道和船闸所需要的

---

❶ 1987年8月22日由国务院发布，根据2008年12月27日《国务院关于修改〈中华人民共和国航道管理条例〉的决定》修订，自2009年1月1日起施行。

通航流量。第二十一条规定，沿海和通航河流上设置的助航标志必须符合国家规定的标准。第二十二条规定，禁止向河道倾倒沙石泥土和废弃物。

五、《太湖流域管理条例》

《太湖流域管理条例》❶是我国第一部流域综合性行政法规，规范了太湖流域水资源保护和水污染防治。全文共70条，分总则，饮用水安全，水资源保护，水污染防治，防汛抗旱与水域、岸线保护，保障措施，监测与监督，法律责任，附则九章。该法规明确了太湖流域管理协调机制、规划制度、饮用水水源保护区制度、重点水污染物排放总量控制制度、岸线保护制度等。以下重点梳理34项主要条款。

第四条规定，太湖流域实行流域管理与行政区域管理相结合的管理体制，建立健全太湖流域管理协调机制。第六条规定，国家对太湖流域水资源保护和水污染防治实行地方人民政府目标责任制与考核评价制度。第七条～第九条规定太湖流域饮用水水源保护区制度。第十五条～第十七条规定，太湖流域管理机构应当商两省一市人民政府水行政主管部门，根据太湖流域综合规划制订水资源调度方案。第十八条规定，太湖、太浦河、新孟河、望虞河实行取水总量控制制度。第十九条～第二十一条规定，太湖流域实行水功能区划制度。第二十五条～第三十七条规定重点水污染物排放总量控制制度。第三十八条～第四十六条规定岸线保护制度。

六、《淮河流域水污染防治暂行条例》

《淮河流域水污染防治暂行条例》❷是我国第一部流域水污染防治行政法规。全文共43条，其中涉河湖管理保护的有7项主要条款。

第九条规定，国家对淮河流域实行排污总量控制制度。第二十一条规定，设置或者扩大排污口的，必须依法报经水行政主管部门同意。第二十四条规定，建设城镇污水集中处理设施。第二十六条规定，制定防

---

❶ 2011年8月24日国务院第169次常务会议通过，2011年9月7日国务院令第604号公布，自2011年11月1日起施行。

❷ 1995年8月8日国务院令第183号发布，2011年1月8日修正。

污调控方案。第二十六条规定，各部门联合开展枯水期水污染联合防治工作。第二十七条规定，淮河流域水污染事故报告制度。第二十九条规定，淮河流域水污染防治工作检查制度。

七、《长江河道采砂管理条例》

《长江河道采砂管理条例》[1] 是我国第一部河道采砂管理的行政法规。全文共27条，该法规明确了长江采砂管理体制、统一规划制度、采砂许可制度、采砂总量控制制度等。以下重点梳理12项主要条款。

第三条规定，长江采砂管理实行地方人民政府行政首长负责制。第四条~第七条规定，长江采砂实行统一规划制度。第九条~第十二条规定，长江采砂实行采砂许可制度。第十三条规定，采砂作业应当服从通航要求并设立明显标志。第十四条规定，长江委和沿江省级水行政主管部门年审批采砂总量不得超过规划确定的年度采砂控制总量。第十七条规定，建立统一的长江河道采砂管理信息平台。

第三节　部　门　规　章

我国河湖管理保护涉及多个部门，部门规章从行业角度明确河湖保护、管理和利用的具体要求，确保河湖资源的合理开发和有效利用。不同行业部门规章各有侧重，形成多元河湖管理保护措施，对改善河湖生态环境，维护水生生物多样性和生态平衡，促进水资源可持续利用具有重要意义。

一、水利部出台的部门规章

水利部作为全国河道的主管机关，聚焦管好河湖的"盆"和"水"，制定出台了一系列部门规章。以下重点从河道采砂管理、涉河建设项目管理、河口管理、河湖管理监督检查等方面归纳梳理。

---

[1] 2001年10月10日经国务院第45次常务会议通过，2001年10月25日国务院令第320号公布，自2002年1月1日起施行。2023年7月20日修订。

(一) 河道采砂管理

2002年1月1日,《长江河道采砂管理条例》施行,2003年6月2日,水利部印发《长江河道采砂管理条例实施办法》(水利部令第19号发布,2010年3月12日修正)。2023年7月20日,根据国务院令第764号对《长江河道采砂管理条例》部分条款作出的修改;2024年11月,水利部令第56号颁布《长江河道采砂管理条例实施办法》,原办法同时废止。

《长江河道采砂管理条例实施办法》全文共29条。第4条规定,长江水利委员会具体负责省际边界重点河段采砂的管理和监督检查,沿江县级以上地方人民政府水行政主管部门具体负责本行政区域内长江采砂的管理和监督检查工作。第5条规定,建立长江采砂规划制度。第6条规定,河道采砂禁采期。第8条规定,长江采砂实行总量控制制度。第9条、第10条规定,长江采砂实行可行性论证报告制度。第11条~第17条规定,实施采砂许可制度。第20条规定,长江采砂实行砂石采运管理单制度。第21条规定,建立省际边界长江采砂管理合作机制。第22条规定,建立长江采砂活动监督检查制度。第23条~第27条规定,相关违法行为或活动的法律责任。

(二) 涉河建设项目管理

水利部先后印发实施《黄河下游浮桥建设管理办法》(水政〔1990〕17号)、《河道管理范围内建设项目管理的有关规定》(水政〔1992〕7号)、《三峡水库调度和库区水资源与河道管理办法》(水利部令第35号)等,明确了涉河建设项目审查、建设、监督等相关管理制度。

1.《黄河下游浮桥建设管理办法》

1990年8月31日,水利部发布《黄河下游浮桥建设管理办法》(水政〔1990〕17号),该办法于2017年12月22日进行第二次修正,对黄河下游干流河道上架设民用浮桥进行了规范管理。全文共15条,明确了相关河段浮桥建设方案的审查权限、浮桥建设架设的具体要求等。

2.《河道管理范围内建设项目管理的有关规定》

1992年4月3日,水利部、原国家计委发布《河道管理范围内建设项目管理的有关规定》(水政〔1992〕7号),于2017年12月22日修正,细化了《中华人民共和国河道管理条例》涉河建设项目审查相关条款规定，明确了对河道管理范围内新建、扩建、改建建设项目的管理。全文共 15 条，包括管理权限、申请条件、审查内容、监督检查等内容。

3.《三峡水库调度和库区水资源与河道管理办法》

2008 年 11 月 3 日，水利部发布《三峡水库调度和库区水资源与河道管理办法》（水利部令第 35 号）（2008 年发布，2017 年修正），对三峡库区的河道管理作出了规定，明确了三峡库区河道管理的职责分工，岸线利用的规则，水工程建设的流程等内容。全文共 38 条，包括工程建设管理、岸线利用管理、水土保持管理等内容。

（三）河口管理

水利部先后印发《珠江河口管理办法》《黄河河口管理办法》《海河独流减河永定新河河口管理办法》，明确了河口及其整治开发活动的相关管理制度。

1.《珠江河口管理办法》

1999 年 9 月 24 日，水利部发布《珠江河口管理办法》（水利部令第 10 号，2017 年 12 月 22 日修正），明确了对珠江河口及其整治开发活动的相关管理制度。全文分总则、河口整治规划、河口管理范围内建设项目管理、河道防护、附则 5 章，共 24 条。第 4 条规定，珠江河口的整治开发原则。第 6 条～第 9 条规定，珠江河口整治规划制度，明确珠江河口管理范围内的专业规划应与珠江河口整治规划相衔接。第 10 条～第 17 条规定，河口管理范围内建设项目审查制度及验收制度。第 18 条～第 20 条规定，河口管理范围内的禁止性活动。第 21 条规定，珠江河口管理范围内河道砂石的可采区、禁采区，以及采砂活动的原则和审批制度。第 22 条规定，相关违法行为的法律责任。

2.《黄河河口管理办法》

2004 年 11 月 30 日，水利部发布《黄河河口管理办法》（水利部令第 21 号），明确了黄河河口及其整治开发活动的相关管理制度。全文分总则、河口规划、入海河道管理范围的划定、入海河道的保护、河道整治与建设、工程管理与维护、罚则、附则等 8 章，共 31 条。第 6 条～第 10 条规定，黄河河口综合治理规划制度，明确黄河河口综合治理规划应当与黄河河口地区国民经济和社会发展规划以及土地利用总体规划、海洋功能区划、城市总体规划和环境保护规划相协调。第 11 条～第 13 条规定，有堤防的黄河入海河道、无堤防的黄河入海河道，以及其他以备复用的黄河故道管理范围的划定。第 14 条～第 17 条规定，清水沟河道和刁口河故道管理范围内的禁止性活动、限制性活动以及其他活动的批准制度。第 18 条～第 20 条规定，河道管理范围内工程设施相关要求。第 21 条规定，黄河河口的黄河故道应当保持原状，不得擅自开发利用。第 22 条～第 24 条规定，黄河入海河道的整治与建设。第 25 条规定，黄河入海河道管理范围内的防洪工程以及入海河道治理工程统一管理的规则。第 26 条规定，以备复用的黄河故道管理范围内原有的防洪工程设施及防汛储备物料由黄河河口管理机构统一管理使用。第 27 条、第 28 条规定，相关违法行为的法律责任。

3.《海河独流减河永定新河河口管理办法》

2009 年 5 月 13 日，水利部发布《海河独流减河永定新河河口管理办法》（水利部令第 37 号），明确加强海河流域海河、独流减河、永定新河入海河口的管理，维护河口的行洪、排涝和纳潮等功能，保障海河流域中下游地区防洪安全，促进河口地区经济社会的可持续发展。全文共 27 条。第 6 条规定，三河口规划治导线是三河口整治与开发工程建设的外缘控制线，除河口整治水利工程外，其他工程建设不得超越规划治导线。第 7 条规定，三河口管理范围。第 8 条～第 11 条明确了三河口管理范围内各种活动应遵循的规定。第 12 条规定，防洪清淤排泥场需要占用的土地，由所在地的县级以上地方人民政府依照有关法律法规的规定解决。第 14 条规定，三河口管理范围内的禁止性活动。第 15 条规定，三河口管理范围内的限制性活动。第 16 条规定，三河口地区开采地下水相关要求。第 18 条规定，三河口清淤疏浚的权限。第 19 条规定，河口整治水利工程的维修养护经费来源。第 20 条～第 25 条规定，相关违法行为的法律责任。

（四）河湖管理监督检查

2019 年 12 月 26 日，水利部发布《河湖管理监督检查办法（试行）》（水河湖〔2019〕421 号），明确全面强化河湖管理，持续改善河湖面貌。全文分总则、监督检查内容、监督检查方式与程序、问题分类及处理、责任追究、附则等6章，共31条。第5条规定，水利部每年组织流域管理机构开展常规性河湖管理监督检查，对全国31个省（自治区、直辖市）的所有设区市流域面积 $1000km^2$ 以上河流、水面面积 $1km^2$ 以上湖泊实现全覆盖。第7条～第11条规定，监督检查内容主要包括河湖面貌及影响河湖功能的问题、河湖管理情况、河长制湖长制工作情况、河湖问题整改落实情况等。第12条规定，河湖管理监督检查主要采取暗访方式。第13条规定，河湖管理监督检查的主要工作流程。第14条规定，制定监督检查工作方案，及时保存监督检查中产生的文字、图片、影像等资料，及时提交监督检查报告。第15条规定，河湖管理监督检查发现的问题分类。第16条规定，建立问题台账。第17条～第22条规定，各类问题的处理方式。第23条规定，实行河湖管理监督检查年度通报制度。第24条～第28条规定，相关违法行为的法律责任。

二、生态环境部出台的部门规章

1. 《饮用水水源保护区污染防治管理规定》

1989年7月10日，国家环境保护局和卫生部发布《饮用水水源保护区污染防治管理规定》[（89）环管字第201号，2010年12月22日修正]，涉及河湖管理的规定包括5个条款，涵盖了饮用水地表水源保护区的划分和防护、饮用水地下水源保护区的划分和防护、饮用水水源保护区污染防治监督管理、奖励与惩罚等。

第3条规定，饮用水水源保护区一般划分为一级保护区和二级保护区，各级保护区应有明确的地理界线。第6条规定，跨地区的河流、湖泊、水库、输水渠道，其上游地区不得影响下游饮用水水源保护区对水质标准的要求。第11条规定，饮用水地表水源各级保护区及准保护区内禁止行为。第22条规定，环境保护、水利、地质矿产、卫生、建设等部门应结合各自的职责，对饮用水水源保护区污染防治实施监督管理。第23条规定，因突发性事故造成或可能造成饮用水水源污染时的应对管理。

2. 《生态环境标准管理办法》

2020年12月15日，生态环境部发布《生态环境标准管理办法》（生态环境部令第17号，2021年2月1日起施行）。涉及河湖管理的规定包括 4 项主要条款，涵盖了生态环境质量标准、生态环境风险管控标准、污染物排放标准、地方生态环境标准等。

第 11 条规定，生态环境质量标准包括大气环境质量标准、水环境质量标准、海洋环境质量标准、声环境质量标准、核与辐射安全基本标准。第 14 条规定，实施大气、水、海洋、声环境质量标准，应当按照标准规定的生态环境功能类型划分功能区，明确适用的控制项目指标和控制要求，并采取措施达到生态环境质量标准的要求。第 21 条规定，水和大气污染物排放标准，根据适用对象分为行业型、综合型、通用型、流域（海域）或者区域型污染物排放标准。第 22 条规定，制定流域（海域）或者区域型污染物排放标准，应当围绕改善生态环境质量、防范生态环境风险、促进转型发展，在国家污染物排放标准基础上作出补充规定或者更加严格的规定。

3.《尾矿污染环境防治管理办法》

2022 年 4 月 6 日，生态环境部发布《尾矿污染环境防治管理办法》（生态环境部令第 26 号，2022 年 7 月 1 日起施行）。涉及河湖管理的规定包括 3 项主要条款，涵盖了尾矿库选址、防渗设施的设计和建设、尾矿水污染物排放监测等。

第 9 条规定，禁止在河道湖泊行洪区内建设尾矿库以及其他储存尾矿的场所。第 12 条规定，新建尾矿库的排尾管道、回水管道应当避免穿越农田、河流、湖泊；确需穿越的，应当建设管沟、套管等设施，防止渗漏造成环境污染。第 19 条规定，排放有毒有害水污染物的，应当每季度对受纳水体等周边环境至少开展一次监测。

三、交通运输部出台的部门规章

1.《港口规划管理规定》

2007 年 12 月 17 日，交通部发布《港口规划管理规定》（交通部令 2007 年第 11 号），涉及河湖管理的规定包括 4 项主要条款，涵盖了港口规划的编制、港口规划的审批与公布、港口规划的修订与调整等。

第 3 条规定，交通部负责全国的港口规划管理工作。第 22 条规定，全国港口布局规划由交通部报国务院批准后公布实施。第 36 条规定，港口规划经批准后，未经规定程序任何单位和个人不得随意更改。第40条规定，建设港口设施应当符合港口布局规划和港口总体规划。

2.《防治船舶污染内河水域环境管理规定》

2015年12月31日，交通运输部公布《防治船舶污染内河水域环境管理规定》（2022年9月26日修正），涉及河湖管理的规定包括8项主要条款，涵盖了船舶污染物的排放和接收、船舶作业活动的污染防治、船舶污染事故应急处置、船舶污染事故调查处理等。

第3条规定，防治船舶及其作业活动污染内河水域环境，实行预防为主、防治结合、及时处置、综合治理的原则。第4条规定，交通运输部主管全国防治船舶及其作业活动污染内河水域环境的管理。第6条规定，船舶应具备并随船携带相应的防治船舶污染内河水域环境的证书、文书。第10条规定，在特殊保护水域内航行、停泊、作业的船舶，应当遵守特殊保护水域有关防污染的规定、标准。第11条规定，船舶或者有关作业单位造成水域环境污染损害的，应当依法承担污染损害赔偿责任。第13条规定，在内河水域航行、停泊和作业的船舶，不得违反法律、行政法规、规范、标准和交通运输部的规定向内河水域排放污染物。第36条规定，船舶发生事故的应急处置。第41条规定，船舶造成内河水域污染的，应当主动配合事故调查机构的调查。

3.《港口工程建设管理规定》

2018年1月15日，交通运输部发布《港口工程建设管理规定》（交通运输部令2018年第2号，2019年11月28日修正），涉及河湖管理的规定包括6项主要条款，涵盖了建设程序管理、建设实施管理、验收管理、工程信息及档案管理等。

第3条规定，交通运输部主管全国港口工程建设的行业管理工作。第8条规定，港口工程建设项目应当按照国家规定的建设程序进行。第24条规定，项目单位应当在立项审批、核准文件及其他文件规定的有效期内开工建设。第38条规定，港口工程建设项目应当按照法规和国家有关规定及时组织竣工验收，经竣工验收合格后方可正式投入使用。第63条规定，港口工程建设项目实行信息报送制度。第66条规定，项目单位应当建立健全工程档案管理制度。

四、农业农村部出台的部门规章

1. 《渔业水域污染事故调查处理程序规定》

1997年3月26日，农业部公布《渔业水域污染事故调查处理程序规定》（农业部令第13号），涉及河湖管理的规定包括3项主要条款，涵盖了污染事故处理管辖、调查与取证、处理程序等。

第5条规定，渔业水域污染事故的管理体制。第15条规定，渔业环境监测站出具的监测数据、鉴定结论或其他具备资格的有关单位出具的鉴定证明是主管机构处理污染事故的依据。第16条规定，渔业水域污染事故的处理程序。

2. 《水生动植物自然保护区管理办法》

1997年10月17日，农业部公布《水生动植物自然保护区管理办法》（农业部令第24号，2017年11月30日修订），涉及河湖管理的规定包括4项主要条款，涵盖了水生动植物自然保护区的建设、水生动植物自然保护区的管理等。

第6条规定，应当建立水生动植物自然保护区的情形。第14条规定，水生动植物自然保护区的管理体制。第16条、第17条规定，水生动植物自然保护区的禁止性行为。

五、住房和城乡建设部出台的部门规章

2005年12月20日，建设部发布《城市蓝线管理办法》（建设部令第145号），涉及河湖管理的规定包括5项主要条款，涵盖了城市蓝线的划定原则、规划制度、审批制度等。

第2条规定，城市蓝线的定义。第6条规定，划定城市蓝线应遵循的原则。第7条规定，城市总体规划阶段，应划定城市蓝线。第10条规定，城市蓝线内的禁止性行为。第12条规定，需要临时占用城市蓝线内的用地或水域的，应当报主管部门同意，并依法办理相关审批手续。

六、国家林业和草原局出台的部门规章

2013年3月28日，国家林业局发布《湿地保护管理规定》（国家林

业局令第32号，2017年12月5日修改），涉及河湖管理的规定包括6项主要条款，涵盖了湿地的内涵、湿地规划制度、湿地生态预警机制、禁止性行为等。

第2条规定，湿地的定义。第7条～第9条规定，全国和区域性湿地保护规划编制主体、内容及实施。第17条规定，国际重要湿地保护管理机构应当建立湿地生态预警机制。第29条规定，湿地禁止性有关行为。

第四节 规范性文件

依据相关法律、行政法规，党中央、国务院以及相关部门制定出台了一系列涉及河湖管理和保护的规范性文件。以下重点对党中央、国务院以及水利部印发的河湖管理规范性文件进行梳理。

一、党中央、国务院出台的规范性文件

2016年12月11日、2017年12月26日，中共中央办公厅、国务院办公厅印发《关于全面推行河长制的意见》《关于在湖泊实施湖长制的指导意见》，在全国范围内部署全面推行河长制湖长制。

1.《关于全面推行河长制的意见》

2016年12月11日，中共中央办公厅、国务院办公厅印发《关于全面推行河长制的意见》（厅字〔2016〕42号），明确在全国江河湖泊全面推行河长制，构建责任明确、协调有序、监管严格、保护有力的河湖管理保护机制，为维护河湖健康生命、实现河湖功能永续利用提供制度保障。该意见明确了全面推行河长制的基本原则、组织形式、工作职责、主要任务、保障措施等。

2.《关于在湖泊实施湖长制的指导意见》

2017年12月26日，中共中央办公厅、国务院办公厅印发《关于在湖泊实施湖长制的指导意见》（厅字〔2017〕51号），明确进一步加强湖泊管理保护工作，在湖泊实施湖长制，对建立健全湖长体系、明确界定湖长职责、全面落实主要任务、切实强化保障措施等作出明确规定。

二、水利部出台的规范性文件

(一) 岸线管理

围绕河湖管理范围划定、岸线保护与利用、涉河建设项目、河湖健康评价等,水利部印发一系列规范性文件,规范河湖岸线的开发、利用、管理和保护。

1. 河湖管理范围划定

水利部于 2014 年、2018 年先后部署河湖管理范围划定工作。根据《关于加快推进河湖管理范围划定工作的通知》(水河湖〔2018〕314 号)要求,河湖管理范围划定工作的目标为 2020 年底前基本完成全国河湖管理范围划定,责任主体为县级以上地方人民政府,具体工作由水行政主管部门开展,并明确了公告制度、信息化管理制度等。公告制度要求通过通知公告、网站、电视、报纸、手机短信、微信公众号、设立公告牌、埋设界桩等多种形式向社会公告划界范围。信息化管理制度要求河湖管理范围坐标逐一标注在"水利一张图",实现河湖管理范围数据与国土"一张图"数据共享。

2. 岸线保护与利用

水利部建立了岸线保护与利用规划制度。2019 年 3 月 25 日,水利部印发《河湖岸线保护与利用规划编制指南(试行)》(办河湖函〔2019〕394 号),明确岸线分区管理和用途管制制度,将岸线功能区分为保护区、保留区、控制利用区和开发利用区。2022 年 5 月 20 日,水利部印发《关于加强河湖水域岸线空间管控的指导意见》(水河湖〔2022〕216 号),从明确河湖水域岸线空间管控边界、严格河湖水域岸线用途管制、规范处置涉水违建问题、推进河湖水域岸线生态修复等方面提出加强河湖水域岸线空间管控的相关意见。

3. 河湖库"四乱"清理整治

2018 年 11 月 2 日,水利部印发《关于明确全国河湖"清四乱"专项行动问题认定及清理整治标准的通知》(办河湖〔2018〕245 号),明确"清四乱"专项行动问题认定及清理整治标准。2020 年 3 月 4 日,水利部印发《关于深入推进河湖"清四乱"常态化规范化的通知》(办河湖

〔2020〕35号），明确通过进一步提高思想认识、落实属地责任、深入自查自纠、确保立行立改、不断规范管理、加强监督检查、明确激励问责、夯实基础工作、推进智慧河湖监管、深入调查研究等途径，切实深入推进"清四乱"常态化、规范化。2024年2月8日，水利部印发《关于纵深推进河湖库"清四乱"常态化规范化的通知》（水河湖〔2024〕36号），明确将水库纳入"清四乱"范畴，以"零容忍"态度深入排查整治。"清四乱"专项行动问题认定及清理整治标准详见表2-1。

表2-1　"清四乱"专项行动问题认定及清理整治标准

"四乱"	认定标准	清理整治标准
"乱占"问题	1. 围垦湖泊。 2. 非法围垦河道。 3. 非法侵占水域、滩地。 4. 种植阻碍行洪的林木及高秆作物	1. 按照国家规定的防洪标准有计划地退地还湖、退田还湖，将违法建设的土堤、矮围等清除至原状高程，拆除地面建筑物、构筑物，取缔相关非法经济活动。 2. 对于非法围垦河道，限期拆除违法占用河道及其滩地建设的围堤、护岸、阻水道路、拦河坝等，铲平抬高的滩地，恢复河道原状。 3. 对于河湖管理范围内违法挖筑的鱼塘、设置的拦河渔具、种植的碍洪林木及高秆作物，应及时清除，恢复河道行洪能力。 4. 对于河道管理范围内束窄河道、影响行洪安全和水生态、水环境的各类经济活动，应清理整治并恢复河道原状
"乱采"问题	1. 未经许可在河道管理范围内采砂，不按许可要求采砂，在禁采区、禁采期采砂。 2. 未经批准在河道管理范围内取土	1. 始终保持对非法采砂的高压严打，加强日常监管巡查，采砂秩序总体可控。大型采砂船大规模偷采绝迹，小型船只零星偷采露头就打。 2. 严格落实采砂管理责任制，逐河段落实政府责任人、主管部门责任人和管理单位责任人。 3. 按照《水法》要求，划定禁采区、规定禁采期，并向社会公告。许可采区实行旁站式监理，严禁超范围、超采量、超功率、超时间开采砂石。 4. 盯紧管好采砂业主、采砂船只和堆砂场。对非法采砂业主，依法依规处罚到位，情节严重、触犯刑律的，坚决移交司法机关追究刑事责任；对非法采砂船只，落实属地管理措施；对非法堆砂场，按照岸线保护要求进行清理整治

第二章 河湖管理政策法规

续表

"四乱"	认定标准	清理整治标准
"乱堆"问题	1. 河湖管理范围内乱扔乱堆垃圾。 2. 倾倒、填埋、储存、堆放固体废物。 3. 弃置、堆放阻碍行洪的物体	1. 建立垃圾和固体废物堆放、储存、倾倒、填埋点位清单。 2. 对照点位清单，逐个落实责任，限期完成清理，恢复河湖自然状态。 3. 对于涉及危险、有害废物需要鉴别的，主动向地方人民政府、有关河长汇报，主动协调、及时提交相关部门鉴别分类
"乱建"问题	1. 水域岸线长期占而不用、多占少用、滥占滥用。 2. 未经许可和不按许可要求建设涉河项目。 3. 河道管理范围内修建阻碍行洪的建筑物、构筑物	1. 位于自然保护区、饮用水水源保护区、风景名胜区内的违法违规建设项目，严格按照有关法律法规要求进行清理整治。 2. 未经审批和批建不符的违法违规建设项目，对于其中符合岸线管控要求且不存在重大防洪影响的项目，由各地提出清理整治要求；其他项目由地方水行政主管部门督促项目业主组织提出论证报告，按涉河建设项目审批权限由有关水行政主管部门予以审查，评判是否影响防洪、是否符合岸线管控要求，明确是否拆除取缔或整改规范、是否需采取补救措施消除不利影响等。能立即整改的坚决整改到位，难以立即整改的需提出整改方案，明确责任人和整改时间，限期整改到位

（二）河道采砂管理

水利部先后印发《关于河道采砂管理工作的指导意见》《关于加快规划编制工作、合理开发利用河道砂石资源的通知》，规范河道采砂管理。

1.《关于河道采砂管理工作的指导意见》

2019年2月22日，水利部印发《关于河道采砂管理工作的指导意见》（水河湖〔2019〕58号），主要内容包括：切实提高政治站位，高度重视河道采砂管理；以河长制湖长制为平台，落实采砂管理责任；坚持保护优先原则，强化规划刚性约束；严格许可审批管理，加强事中事后监管；加强日常监督巡查，严厉打击非法采砂；加大舆论宣传力度，强化监管能力建设等。文件对进一步加强河道（含湖泊）采砂管理，维护河势稳定，保障防洪安全、供水安全、通航安全、生态安全和重要基础设施安全等方面发挥了重要作用。

2.《关于加快规划编制工作、合理开发利用河道砂石资源的通知》

2019年9月27日,水利部印发《关于加快规划编制工作、合理开发利用河道砂石资源的通知》(办河湖函〔2019〕1054号),明确在2020年12月31日前,有采砂管理任务的河道要基本实现采砂规划全覆盖;要充分运用现代技术手段,加强对许可采区的现场监管,推行砂石采运管理单(四联单)等制度,强化砂石开采、运输、销售等各环节全过程监管,探索政府主导的统一经营管理模式;以河长制湖长制为抓手,全面落实河道采砂管理责任制,组织编制河道采砂规划工作。

(三)涉河建设项目管理

2020年8月13日,水利部印发《关于进一步加强河湖管理范围内建设项目管理的通知》(办河湖〔2020〕177号),明确进一步规范涉河建设项目许可和切实加强涉河建设项目实施监管。通过规范许可范围、明确许可权限、严格许可要求、提高许可效率等途径进一步规范涉河建设项目许可。通过明确监管责任主体、加强项目实施监管、建立日常巡查制度、加大行政执法力度等途径切实加强涉河建设项目实施监管。同时,还明确依法划定河湖管理范围、落实岸线保护与利用规划约束、加强涉河建设项目信息化管理、广泛宣传涉河建设项目法规政策等加强涉河建设项目管理的保障措施。

第五节 河湖管理地方性法规

截至2024年6月,全国29个省(自治区、直辖市)省级人大或者省级政府制定出台了河道(湖)管理地方性法规和规章。其中,北京、天津、河北、辽宁、江苏、福建、广东、重庆、贵州、甘肃、宁夏等20个省(自治区、直辖市)制定或修订了河道(湖)管理地方性法规。湖北、山东、安徽、江西等省先后制定或修订了湖泊管理保护的地方性法规,将湖泊管理保护工作纳入法治化轨道。浙江、海南、江西、吉林、辽宁、福建、青海等17个省(直辖市)先后出台了河湖长制地方性法规。各地出台的河湖(河道)管理及河湖长制地方性法规见表2-2和表2-3。

表2-2　　　　　　河湖（河道）管理地方性法规

省份	法规名称	实施时间	修订时间
北京	《北京市河湖保护管理条例》	2012年10月1日	2019年7月26日
天津	《天津市河道管理条例》	2011年10月1日	2018年9月29日
河北	《河北省河湖保护和治理条例》	2020年3月22日	2022年3月16日
山西	《山西省河道管理条例》	1994年10月1日	2023年7月29日
内蒙古	《内蒙古自治区河湖保护和管理条例》	2023年1月1日	—
辽宁	《辽宁省河道管理条例》	2013年2月1日	2020年3月30日
吉林	《吉林省河道管理条例》	1992年11月7日	2021年5月27日
黑龙江	《黑龙江省河道管理条例》	1985年1月1日	2018年6月28日
上海	《上海市河道管理条例》	1997年12月11日	2019年1月1日
江苏	《江苏省河道管理条例》	2018年1月1日	2021年9月29日
浙江	《浙江省河道管理条例》	2012年1月1日	2020年11月27日
安徽	《安徽省湖泊管理保护条例》	2018年1月1日	2022年3月25日
福建	《福建省河道保护管理条例》	2016年1月1日	—
江西	《江西省湖泊保护条例》	2018年6月1日	2021年7月28日
山东	《山东省湖泊保护条例》	2013年1月1日	2018年1月23日
河南	《河南省黄河河道管理条例》	1992年8月3日	2023年7月1日
湖北	《湖北省湖泊保护条例》	2012年10月1日	2022年11月25日
广东	《广东省河道管理条例》	2020年1月1日	—
广西	《广西河道管理保护条例》	2001年1月1日	2010年9月29日
重庆	《重庆市河道管理条例》	1998年8月1日	2018年7月26日
四川	《四川省泸沽湖保护条例》	2023年12月1日	—
贵州	《贵州省河道条例》	2019年5月1日	2021年11月26日
云南	《云南省滇池保护条例》	1998年2月10日	2023年11月30日统一修订
云南	《云南省阳宗海保护条例》	2020年1月1日	2023年11月30日统一修订
云南	《云南省抚仙湖保护条例》	2007年5月23日	2023年11月30日统一修订
陕西	《陕西省河道管理条例》	2000年12月2日	2024年5月30日
甘肃	《甘肃省河道管理条例》	2014年12月1日	2021年10月1日
宁夏	《宁夏回族自治区河湖保护管理条例》	2019年9月1日	—
新疆	《新疆维吾尔自治区河道管理条例》	1996年7月26日	—

第五节 河湖管理地方性法规

表 2-3　　　　　　　　河湖长制地方性法规

省份	法规名称	实施时间
辽宁	《辽宁省河长湖长制条例》	2019年7月30日
吉林	《吉林省河湖长制条例》	2019年3月28日
浙江	《浙江省河长制规定》	2017年10月1日
福建	《福建省河长制规定》	2019年11月1日
江西	《江西省实施河长制湖长制条例》	2019年1月1日
湖北	《湖北省河湖长制工作规定》	2022年9月28日
广东	《广东省河湖长制条例》	2024年2月22日
海南	《海南省河长制湖长制规定》	2018年11月1日
重庆	《重庆市河长制条例》	2020年12月3日
四川	《四川省河湖长制条例》	2021年11月25日
青海	《青海省实施河长制湖长制条例》	2021年9月29日

以下重点对10个省（自治区、直辖市）河道（湖）管理、4个省湖泊管理、6个省（直辖市）河湖长制地方性法规进行梳理。

一、河道（湖）管理地方性法规

1.《北京市河湖保护管理条例》

《北京市河湖保护管理条例》[1] 全文共47条，分总则、规划编制与管理、河湖工程保护与管理、河湖水环境保护与管理、法律责任、附则等6章。从北京市的市情、水情出发，明确了本市各级政府的河湖保护管理工作职责，将河湖保护管理纳入国民经济和社会发展规划，保证河湖公共基础设施建设所需资金和管护经费，实行目标责任制和考核评价制度。

《北京市河湖保护管理条例》明确建设活动不能影响河湖行洪能力，在河湖管理范围内禁止建设妨碍行洪的建筑物、构筑物；利用河湖开办旅游项目，以及河湖绿化、建设绿色步道和亲水健身设施等，前提条件

---

[1] 2012年7月27日经北京市第十三届人大常务委员会第三十四次会议通过，自2012年10月1日起施行。2016年11月25日经北京市第十四届人大常务委员会第三十一次会议第一次修正，2019年7月26日经北京市第十五届人大常务委员会第十四次会议第二次修正。

均为不损害河湖的行洪能力，确保防洪安全。该条例要求保护好水文化遗产，水行政主管部门会同文物、规划等部门制定保护名录，建立相关档案，保护和弘扬河湖文化，任何单位和个人不得毁坏或者拆除列入保护名录中的河道、水域、水工建筑物和遗址。该条例规定对河湖防洪减灾体系进行建设维护。河湖管理机构应当制定河湖突发事件应急预案，并定期演练。一旦强降雨等突发事件来临，河湖管理机构应当启动应急预案，迅速到达事故现场进行处置，防止损失扩大。该条例明确了河湖保护责任主体，市和区县政府将河湖保护管理纳入国民经济和社会发展规划，保障河湖公共基础设施建设所需资金和管理经费。此外，该条例强调河湖规划在统筹城乡管理工作中的作用，明确北京市河湖规划体系，明晰河湖规划的编制机关、权限和审批程序，建立健全兴建水库审批制度和水工程规划同意书制度。该条例规定对于违法违规行为实施处罚，对实施违法行为的工具及机械设备等，明确执法部门可以采取必要的查封、扣押等行政强制措施。

2.《河北省河湖保护和治理条例》

《河北省河湖保护和治理条例》❶ 全文共64条，分总则、规划编制、治理和修复、保护和监管、河（湖）长制、法律责任、附则等7章。

《河北省河湖保护和治理条例》明确实行河湖保护名录制度，加强水源地保护和重点河湖专项整治。制定河湖保护名录的编制标准，按照编制标准拟定本行政区域内的河湖保护名录，经上一级人民政府水行政主管部门审查，报本级人民政府批准并向社会公布。该条例规定实行河（湖）长制，对河湖水资源保护、水域岸线管理、水污染防治、水环境治理、水生态修复等工作进行安排部署，组织协调河湖执法监管和联防联控，督导检查本级河（湖）长、下级总河（湖）长以及相关责任部门履行职责。该条例规定在河湖管理范围内禁止8种行为：建设妨碍行洪的建筑物、构筑物；在行洪河道内种植阻碍行洪的林木和高秆作物；破坏、侵占、毁损防洪工程和水文、通信设施以及防汛物资；在水工程保

---

❶ 2020年1月11日经河北省第十三届人大第三次会议通过，自2020年3月22日起施行。2022年3月16日修订。

护范围内从事影响水工程运行或者危害水工程安全的活动；围湖造地或者擅自围垦河道；在饮用水水源保护区内设置排污口；违法向河湖排放、倾倒废弃物；其他依法禁止的行为。同时，该条例还规定了未经许可从事河道采砂活动的法律责任。

3.《辽宁省河道管理条例》

《辽宁省河道管理条例》❶全文共38条，分总则、河道整治与维护、河道采砂、涉河建设、法律责任、附则等6章。

《辽宁省河道管理条例》规范了河道整治规划、采砂规划编制以及涉及的行政许可审批，确定行政许可审批的水行政主管部门层级权限。该条例规定了河道整治与维护的要求，河道整治规划应当服从流域综合规划，符合国家规定的防洪标准、通航标准和其他有关技术要求；河道的具体管理范围，由县级以上人民政府划定，并设立标志，向社会公告。该条例明确了河道采砂程序和要求，采砂需要到水行政主管部门办理采砂许可证，采砂权人应当在采砂场所设立公告牌，标明采砂许可证号和采砂范围、数量、期限及监督举报电话等内容，加大了对非法采砂的打击力度。该条例规范了涉河建设活动，禁止在河道管理范围内建设妨碍行洪的建筑物、构筑物以及从事影响河势稳定、危害河岸堤防安全和其他妨碍河道行洪的活动；涉河建设项目施工期间，水行政主管部门应当派员到现场监督检查；涉河建设项目竣工验收前，建设单位应当及时清除施工废弃物及相关阻水障碍物，恢复河道原有行洪标准。

4.《江苏省河道管理条例》

《江苏省河道管理条例》❷全文58条，分总则、管理与保护、开发利用、采砂管理、法律责任、附则等6章。

---

❶ 2012年11月29日经辽宁省第十一届人民代表大会常务委员会第三十三次会议通过，2017年7月27日经辽宁省第十二届人民代表大会常务委员会第三十五次会议第一次修正，2017年9月28日经辽宁省第十二届人民代表大会常务委员会第三十六次会议第二次修正，2020年3月30日经辽宁省第十三届人民代表大会常务委员会第十七次会议第三次修正。

❷ 2017年9月24日经江苏省第十二届人民代表大会常务委员会第三十二次会议通过，自2018年1月1日起施行。2021年9月29日江苏省第十三届人民代表大会常务委员会第二十五次会议修正。

《江苏省河道管理条例》规定了河长制相关要求。建立健全部门联动综合治理长效机制；省、设区的市、县（市、区）、乡镇（街道）四级设立总河长，河道分级分段设立河长；规范总河长、河长的主要工作职责；明确了河长制的考核评价制度和公众参与制度等主要内容。该条例明确了公民、法人和其他组织的权力义务，任何单位和个人有权对违反河道管理法律法规的行为进行制止和举报；对管理和保护河道作出突出贡献的单位和个人给予奖励。该条例明确了在河道管理范围内的禁止行为，任何单位和个人都不得擅自移动、损毁、掩盖界桩和标识牌。该条例规范了河道开发利用管理，对于在河道管理范围内确需建设的工程设施，不再明确必须由省级审批的权限范围；对建设项目单位和施工单位提出了涉河建设项目建设要求。该条例规定，采砂管理实行行政首长负责制，河道采砂要符合采砂规划。

5.《福建省河道保护管理条例》

《福建省河道保护管理条例》❶ 全文共49条，分总则、河道规划、保护范围划定、河道整治维护、涉河建设、河道采砂、法律责任、附则等8章。

《福建省河道保护管理条例》规定了河道等级管理权限，河道分为五级，实行分级管理，明确了省、市、县各级政府的河道管理范围、权限和应负的职责。该条例明确建立河岸生态保护蓝线制度，划定河道保护管理范围。同时对河道、河口及湖泊、水库确权划界作出明确规定。该条例规定了河道采砂的监管程序，加大对违法采砂行为的处罚力度；明确在河道管理范围内从事工程建设活动，不得妨碍防洪度汛安全，并要加强水生态环境保护；实施施工方案备案制，对因施工需要临时筑坝围堰、开挖堤坝、管道穿越堤坝、修建阻水便道便桥的，应当经县级以上地方人民政府水行政主管部门批准。

6.《广东省河道管理条例》

《广东省河道管理条例》❷ 全文共47条，分总则、河道规划、河道保

---

❶ 2015年11月27日经福建省第十二届人大常务委员会第十九次会议通过，自2016年1月1日起施行。

❷ 2019年11月29日经广东省第十三届人民代表大会常务委员会第十五次会议通过，自2020年1月1日起施行。

护、河道治理和利用、监督检查、法律责任、附则等 7 章。

《广东省河道管理条例》突出对河道的生态保护，规定河道管理应当坚持保护优先的原则，在保障防洪安全前提下优先采用生态工程治理措施。该条例规定了河道管理实行河长湖长制，建立区域与流域相结合的省、市、县、镇、村五级河长湖长体系及河长制湖长制考核体系，设立河长制工作的机构。该条例规定了河道管理权限及岸线保护。河道划分为省主要河道、市主要河道、县主要河道和其他河道，明确了省主要河道的范围及其管理权限；河道岸线规划应当明确外缘边界线、堤顶控制线、临水控制线和保护区、保留区、控制利用区。河道岸线按照保护区、保留区、控制利用区实行分区管理，加强临水控制线的管理。同时，明确了河道管理范围内的禁止行为和限制行为。

7.《重庆市河道管理条例》

《重庆市河道管理条例》❶ 全文共 42 条，分总则、河道规划、河道保护、河道治理、河道利用、法律责任、附则等 7 章。

《重庆市河道管理条例》规定建立河道规划及巡查等制度，市、区县（自治县）水行政主管部门应当组织开展河道调查和评价，由市水行政主管部门组织编制河道保护利用规划，征求有关部门意见后，报同级人民政府批准实施；区县（自治县）水行政主管部门应当建立河道巡查制度，定期开展河道巡查检查，依法查处违法行为，重大问题应当向同级人民政府和市水行政主管部门报告。该条例加强了河道的保护，对河道内工程设施维护、护岸林营造、河道保洁作了规定。该条例规定了河道治理与利用管理，明确封盖集水面积 $2km^2$ 以下的河道，其防洪标准应当在所在城镇防洪标准基础上提高一档以上；对河道管理范围内项目建

---

❶ 1998 年 8 月 1 日经重庆市第一届人民代表大会常务委员会第十次会议通过，2002 年 1 月 21 日经重庆市第一届人民代表大会常务委员会第三十八次会议第一次修正，2002 年 6 月 7 日经重庆市第一届人民代表大会常务委员会第四十次会议第二次修正，2010 年 7 月 23 日经重庆市第三届人民代表大会常务委员会第十八次会议第三次修正，2011 年 11 月 25 日经重庆市第三届人民代表大会常务委员会第二十八次会议第四次修正，2015 年 7 月 30 日经重庆市第四届人民代表大会常务委员会第十九次会议修订，2018 年 7 月 26 日经重庆市第五届人民代表大会常务委员会第四次会议第五次修正。

设、河道采砂、河道内临时性活动、建设湿地生态公园等分类提出了相应的限制条件和利用规范；对经批准利用河道资源开展生产经营活动，建立了有偿使用制度。

8.《贵州省河道条例》

《贵州省河道条例》❶ 全文共52条，分总则、规划和整治、保护与管理、河（湖）长制、法律责任、附则等6章。

《贵州省河道条例》明确了河道实行统一管理与分级负责、流域管理与行政区域管理相结合的原则，各级河（湖）长是落实河（湖）长制的第一责任人，负责组织实施一河（湖）一策方案，协调解决河湖管理保护工作中的重大问题，推动建立区域间、部门间协调机制，组织对下级河（湖）长和有关责任部门进行督促检查、绩效考核。该条例明确将河（湖）长制法制化，县级以上人民政府应当建立河（湖）长制工作机制，确定工作部门承担河（湖）长制日常事务工作；县级以上人民政府应当建立河（湖）长制考核评价制度，畅通公众参与渠道，并聘请有关专业组织、社会公众对河（湖）长的履职情况进行监督和评估；河（湖）长制实行年度绩效目标考核，考核结果作为地方各级领导干部综合考核评价的依据，纳入自然资源资产离任审计的评估内容。

9.《甘肃省河道管理条例》

《甘肃省河道管理条例》❷ 全文共42条，分总则、河道保护与治理、河道利用、河道采砂管理、法律责任、附则等6章。

《甘肃省河道管理条例》明确建立五级河湖长体系，河道管理实行按水系统一管理和行政区域分级管理相结合的体制；县级以上人民政府水行政主管部门负责本行政区域内河道的监督管理工作；流域管理机构在管辖范围内依据法律法规授权和行政授权行使河道监督管理职责，各级

---

❶ 2019年1月17日经贵州省第十三届人民代表大会常务委员会第八次会议通过，自2019年5月1日起施行。2021年11月26日贵州省第十三届人民代表大会常务委员会第二十九次会议修改。

❷ 2014年9月26日经甘肃省第十二届人民代表大会常务委员会第十一次会议通过，2021年7月28日经甘肃省第十三届人民代表大会常务委员会第二十五次会议修订，自2021年10月1日起施行。

河道管理机构负责河道日常管理工作的职责。该条例规定河道规划及保护相关要求。县级以上人民政府水行政主管部门应当组织编制河道整治、河道采砂、水域岸线保护等规划，由同级人民政府批准实施；城乡建设不得降低河道水系功能，不得将天然河道改为暗河（渠），不得擅自填堵、缩减原有河道沟叉、储水湖塘洼淀和废除原有防洪堤岸；河道管理范围内拦水、蓄水工程，应当按照调度方案运行。该条例规定实行河道管理范围内建设项目工程建设方案审批、位置界限审批制度；确立了河道采砂规划执行制度，要求河道采砂应当按照批准的规划进行，河道采砂许可证由县级以上人民政府水行政主管部门或者流域管理机构统一发放。同时，对界河河道采砂作了限制性规定。

10.《宁夏回族自治区河湖管理保护条例》

《宁夏回族自治区河湖管理保护条例》❶ 全文共 28 条，明确适用于自治区行政区域内河流、湖泊、水库、塘坝、人工水道及其水域岸线（以下统称河湖）的管理和保护活动。

《宁夏回族自治区河湖管理保护条例》确立了四项机制，即县级以上人民政府应当建立河湖管理保护资金保障机制，将河湖管理保护经费纳入财政预算；实行河流跨行政区域断面交接制度，自治区政府应建立交接断面水质水量超标预警、超标排放补偿机制；合理设定河流交接断面水质水量等指标，完善河流跨行政区域断面监测设施，建立交接断面水质水量超标预警、超标排放补偿机制；县级以上人民政府应当建立健全部门联合执法机制，组织公安、水利、生态环境、住房和城乡建设、自然资源、农业农村等主管部门开展河湖管理保护综合执法。该条例规定了 8 项制度，即自治区建立河长湖长制会议、信息共享、工作督查等制度，定期通报河湖管理保护情况；建立河湖管理保护名录制度；实行水资源开发利用控制、用水效率控制、水功能区限制纳污控制制度；实施统一的河湖水域岸线管理制度；建立河湖生态评估制度；实行河流跨行政区域断面交接制度；建立河湖日常监督管理巡查制度；实行河湖目标

---

❶ 2019 年 7 月 17 日经宁夏回族自治区第十二届人民代表大会常务委员会第十三次会议通过，自 2019 年 9 月 1 日起施行。

任务考核制度和激励问责制。

二、湖泊管理地方性法规

1. 《安徽省湖泊管理保护条例》

《安徽省湖泊管理保护条例》❶ 全文共 51 条，分总则、保护规划、保护措施、科学利用、监督管理、法律责任、附则等 7 章。

《安徽省湖泊管理保护条例》突出立足保护、强化管理，明确湖泊的管理和保护应当遵循统筹规划、保护优先、科学利用、综合治理的原则；县级以上人民政府应当将湖泊管理和保护纳入国民经济和社会发展规划；建立湖泊保护名录、湖泊保护的举报和奖励等制度，湖泊实行河长制管理，界定湖泊管理范围内的禁止性行为。该条例规定科学利用湖泊资源，明确城乡建设不得破坏湖泊资源、损害生态环境、影响防洪及水工程安全；限制采砂取土，采砂取土要依法报经批准，控制种植养殖方式；对于在湖泊管理范围内从事旅游、体育、餐饮、娱乐活动的，不仅要求符合湖泊保护规划，配备污染处理设施和垃圾收集装置，还要与湖泊自然景观相协调。

2. 《江西省湖泊保护条例》

《江西省湖泊保护条例》❷ 全文共 50 条，分总则、保护规划、保护措施、合理利用、监督管理、法律责任、附则等 7 章。

《江西省湖泊保护条例》以问题为导向，针对存在的非法围垦、填湖造地、侵占湖泊水域、乱排乱放污染湖泊水质及湖泊管理单位不清、责任不明等共性问题，结合实际作出普遍性规定，将部分水库纳入保护对象，建立湖泊保护名录明确湖泊保护对象，授权县级以上政府可以根据需要将其他人工湖泊列入湖泊保护名录。该条例规定湖泊实行湖长制管

---

❶ 2017 年 7 月 28 日经安徽省第十二届人民代表大会常务委员会第三十九次会议通过，自 2018 年 1 月 1 日起施行。2018 年 3 月 30 日经安徽省第十三届人民代表大会常务委员会第二次会议第一次修正。2022 年 3 月 25 日安徽省第十三届人民代表大会常务委员会第三十三次会议第二次修正。

❷ 2018 年 4 月 2 日经江西省第十三届人大常务委员会第二次会议通过，自 2018 年 6 月 1 日起施行。2021 年 7 月 28 日江西省第十三届人民代表大会常务委员会第三十一次会议修改。

理，设定"一湖一档"制度，要求县级以上政府湖泊保护主管部门会同有关部门，定期组织湖泊普查，对湖泊资源变化情况进行监测；鼓励村（居）民委员会在村规民约、居民公约中约定湖泊保护义务以及相应奖惩机制，鼓励社会组织、志愿者参与湖泊保护和监督工作，鼓励社会力量投资或者以其他方式投入湖泊治理与保护，鼓励社会公众对损害湖泊的行为进行举报，对保护湖泊成绩显著的单位和个人，按照有关规定给予表彰奖励。

3.《湖北省湖泊保护条例》

《湖北省湖泊保护条例》❶ 全文共62条，分总则、政府职责、湖泊保护规划与保护范围、湖泊水资源保护、湖泊水污染防治、湖泊生态保护和修复、湖泊保护监督和公众参与、法律责任、附则等9章。

《湖北省湖泊保护条例》突出对湖泊功能和生态环境的保护，明确湖泊保护实行政府行政首长负责制，规定了湖泊保护名录制度、湖泊保护部门联动机制、湖泊普查制度、最严格的湖泊水资源保护制度、湖泊保护投入机制、生态补偿机制、公众参与机制、湖泊保护举报和奖励制度等。该条例明确了湖泊保护区内、流域内、水域内的禁止性行为及相关违法行为的法律责任，对群众反响强烈的填湖建房、填湖建公园等行为规定不仅可以责令限期恢复原状、处以罚款，还可以没收违法所得；对填占湖泊逾期未恢复湖泊原状的，由水行政主管部门指定有关单位代为恢复，违法行为人将承担所需费用，并被处以罚款。

4.《山东省湖泊保护条例》

《山东省湖泊保护条例》❷ 全文共43条，分总则、保护规划、水资源与水域保护、生态保护与修复、合理利用、法律责任、附则等7章。

《山东省湖泊保护条例》规定了湖泊保护体制和名录制度，明确湖泊

---

❶ 2012年5月30日经湖北省第十一届人大常务委员会第三十次会议通过，自2012年10月1日起施行。2021年9月29日湖北省第十三届人民代表大会常务委员会第二十六次会议第一次修正。2022年11月25日湖北省第十三届人民代表大会常务委员会第三十四次会议第二次修正。

❷ 2012年9月27日经山东省第十一届人大常务委员会第三十三次会议通过，自2013年1月1日起施行。2018年1月23日经山东省第十二届人大常务委员会第三十五次会议修正。

保护将遵循科学规划、保护优先、统筹兼顾、合理利用的原则，实行政府统一领导、部门分工实施保护的体制；确定湖泊保护实行名录制度，南四湖（南阳湖、独山湖、昭阳湖、微山湖）、东平湖和其他常年水面面积在 0.5km² 以上的湖泊以及具有特殊功能的湖泊，纳入湖泊保护名录。该条例明确湖泊保护规划制度及生态保护补偿机制，规定了湖泊保护规划及专项规划的编制和审批程序、规划编制内容及规划的法律地位等；特别强调加大对水资源和湖泊生态保护力度，规定建立健全湖泊生态保护补偿机制。同时，对湖泊保护范围内设置排污口、从事水产养殖、房地产开发、旅游资源开发等活动进行了规范。

三、河湖长制地方性法规

1. 《辽宁省河长湖长制条例》

《辽宁省河长湖长制条例》❶全文共 26 条，对河湖长、河长制办公室、河湖警长制办公室工作职责、考核问责与激励等作出明确规定。

《辽宁省河长湖长制条例》规定了河湖长制工作体系、河湖长及河长办职责，明确在行政区内设立省、市、县、乡、村五级河湖长制体系，并设置水库库长和水电站站长；结合总河长、河湖长的工作重点和履职范围，详细规定了各级总河长、河湖长的职责，明确了河长制办公室、河湖警长制办公室的职责。该条例规定了各级政府及相关部门职责，明确县级以上政府建立河湖巡查保洁机制和河湖保护联合执法机制，建设全省河长湖长制管理信息系统，完善行政执法信息共享和工作通报制度；各级政府及有关部门加强河湖保护宣传教育和舆论引导。该条例明确县级以上政府应当建立河长制工作考核机制，对未履行职责或者履行职责不力的，及时约谈并依法依规给予处分。

2. 《吉林省河湖长制条例》

《吉林省河湖长制条例》❷全文共 41 条，分总则、组织机构、工作职

---

❶ 2019 年 7 月 30 日经辽宁省第十三届人大常务委员会第十二次会议通过，自 2019 年 10 月 1 日起实施。

❷ 2019 年 3 月 28 日经吉林省第十三届人大常务委员会第十次会议通过，自 2019 年 3 月 28 日起施行。

责、巡查监管、考核问责、附则等6章。

《吉林省河湖长制条例》规定建立五级河湖长组织体系及相关机制，明确作为行政区界的河湖，按照行政管辖范围，分别设立河湖长；建立河湖管理保护的部门、区域协调联动机制，完善行政执法与刑事司法衔接机制；推行河湖警长制，加强河湖治安管理和行政执法保障，严厉打击涉河湖违法犯罪行为。该条例规定河湖管理保护信息共享制度，明确建立全省河湖管理保护信息系统平台，利用遥感、航摄、视频监控等科技手段对河湖进行监控。该条例强化河长制湖长制考核和工作经费财政保障机制，明确河湖长制考核以乡级以上行政区域为单位，对实施河湖长制工作情况进行全面考核；规定县级以上人民政府应当将实施河湖长制工作专项经费纳入年度财政预算，保障河湖长制实施。同时，明确县级以上人民政府应当对在河湖管理保护中作出突出贡献的单位和个人，给予表彰或者奖励。

3.《浙江省河长制规定》

《浙江省河长制规定》❶是我国首部河长制地方性法规。全文共18条，对河长设置和职责、河长制工作机构、河长履职、公众参与、河长考核和问责等作出规定。

《浙江省河长制规定》明确了河长设置和职责，在中央要求的四级河长体系基础上，结合浙江省实践，增设村级河长，明确建立省、市、县、乡、村五级河长体系；将河长的职责定位为监督和协调，并对不同级别的河长职责作出区别规定。该规定明确了河长履职机制和河长制工作机构职责，明确河长巡查要求、问题处理机制，以及河长巡查对主管部门履行日常监督检查职责的推动机制；列出了河长制工作机构职责，主要包括指导、协调、组织制定管理规定；受理河长报告；责成部门解决问题、查处违法行为；承担对部门、下级政府及河长履职的监督、考核等。该规定明确了公众参与机制，规定河长公开制度和公众投诉举报登记制度，鼓励组织或者聘请公民、法人或其他组织开展水域巡

---

❶ 2017年7月28日经浙江省第十二届人大常务委员会第四十三次会议审议通过，自2017年10月1日起施行。

查的协查工作。县级以上政府可以聘请社会监督员对政府、部门、河长履职情况进行监督和评价；河长约谈部门负责人时可以邀请媒体和公众代表列席，约谈针对的主要问题、整改要求、整改措施及相应落实情况应当向社会公开。

4.《江西省实施河长制湖长制条例》

《江西省实施河长制湖长制条例》❶全文共32条，对组织体系、工作职责、工作机构、公众参与、部门联动等作出明确规定。

《江西省实施河长制湖长制条例》规定河（湖）长工作的组织体系和各级河（湖）长的职责，明确建立流域统一管理与区域分级管理相结合的河长制湖长制组织体系；针对各级河（湖）长工作职责、履职范围和工作重点的不同，分别明确了总河（湖）长、河（湖）长职责，明确了上下级河（湖）长的关系，县级以上河（湖）长对责任水域的下一级河（湖）长工作予以指导、监督，对目标任务完成情况进行考核。该条例明确了河长湖长的履职要求，规定不同级别河长湖长的巡查频次，进一步细化河长制六项任务的重点巡查内容，明确县级以上湖长应当巡查湖泊管理和保护范围划定工作开展情况，列出河长湖长巡查发现问题的处理情形，明确县级以上河长湖长可以采取发送督办函或者交办单的方式督办相关部门处理问题。该条例规定了河长制湖长制工作机构职责和河湖管护人员聘请，明确河长制湖长制工作机构履行协助河长湖长、协调部门、分办、督办治理任务、工作考核、宣传培训、通报、督察督办等职责；市、县级政府应当统筹财政资金，采取政府购买等方式聘请河湖专管员或巡查员、保洁员，鼓励举报水域违法行为。

5.《海南省河长制湖长制规定》

《海南省河长制湖长制规定》❷全文共23条，对河长制湖长制组织体系、工作职责、社会监督、法律责任等作出规定。

---

❶ 2018年11月29日经江西省第十三届人大常务委员会第九次会议审议通过，自2019年1月1日起施行。

❷ 2018年9月30日经海南省第六届人大常务委员会第六次会议审议通过，自2018年11月1日起实施。

《海南省河长制湖长制规定》规定了河长制湖长制组织体系，即按照行政区域和流域建立河长湖长体系，省、市、县三级设立总河长湖长、副总河长湖长，跨设区的市重点水域设立省级河长湖长，各水域所在设区的市、县（市、区）、乡镇（街道）分级分段设立河长湖长。该规定明确了各级河长湖长职责及工作机构职责，即县级以上设置河长制湖长制工作机构，具有督促、协调落实河长湖长确定事项、组织编制河湖管理保护方案并组织协调实施、协助河长湖长巡河湖、开展宣传教育等职责。规定了河长湖长的履职要求，明确了省市县乡级河长、湖长的巡查频次，各级河长湖长根据职责可自行组织处理河湖存在的问题或将问题报告上一级河长和移交下一级河长。规定建立河长公开、公众投诉举报登记、公众参与巡查、公众参与监督评价等制度，建立健全河长制、湖长制管理信息系统。同时，明确了河长湖长行使约谈权力的具体情形，以及河长湖长怠于履行河长湖长职责的法律责任。

6.《重庆市河长制条例》

《重庆市河长制条例》[1] 全文共35条，分总则、组织体系、工作职责、工作机制、监督考核、附则等6章。

《重庆市河长制条例》规定了河长制组织体系，明确按照行政区域管理与河流流域管理相结合的原则，建立市、区县（自治县）、乡镇（街道）、村（社区）四级河长体系；市、区县（自治县）、乡镇（街道）设立河长办公室，各级河长办公室主任由本级副总河长担任。该条例明确各级河长、河长办及责任单位职责，即各级总河长是本行政区域内河长制工作第一责任人，负责河长制工作的组织领导、决策部署和监督检查，统筹解决河长制实施和河流管理保护重大问题；各级河长办具有落实本级总河长决策事项、拟定河长制年度工作任务、拟定工作制度并推动实施等7条主要职责；河长制责任单位依照职责分工和有关法律法规规定，做好河流管理保护工作，落实上级和本级河长、河长办公室交办事项。该条例规定河长制考核制度，明确市、区县（自治县）应当建立和完善

---

[1] 2020年12月3日经重庆市第五届人大常务委员会第二十二次会议通过，自2021年1月1日起施行。

河长制考核制度，对河长履职情况、河长制实施情况进行考核。河长履职情况的考核结果作为领导干部综合考核评价和自然资源资产离任审计的重要依据。河长制责任单位和牵头单位履职情况的考核纳入本级目标管理绩效考核。

第三章 河湖长制

全面推行河湖长制，是以习近平同志为核心的党中央，立足解决我国复杂水问题、保障国家水安全，从生态文明建设和经济社会发展全局出发作出的重大决策。全面推行河湖长制以来，我国建立了省、市、县、乡四级河湖长组织体系，各级河湖长积极履职尽责，各地各部门真抓实干、狠抓落实，江河湖泊面貌发生了历史性变化，群众获得感、幸福感、安全感显著提升。实践充分证明，全面推行河湖长制完全符合我国国情水情，是河湖保护治理领域根本性、开创性的重大举措，是一项具有强大生命力的重大制度创新。

第一节 河湖长制概述

2016 年、2017 年，中共中央办公厅、国务院办公厅先后印发《关于全面推行河长制的意见》《关于在湖泊实施湖长制的指导意见》，在全国范围内部署全面推行河湖长制。本节概述河湖长制演化历程、制度框架及工作开展情况。

一、河湖长制演化历程

河湖长制的产生和发展可分为三个阶段。

（一）起步探索阶段

对已有文献资料检索发现，在 2003 年 10 月 8 日浙江省湖州市长兴县印发的《关于调整城区环境卫生责任区和路长地段、建立弄长制和河长制并进一步明确工作职责的通知》（县委办〔2003〕34 号）中出现"河长制"一词。该文件明确由长兴县水利局、环卫处相关人员担任长兴港、黄土桥港、护城河等河道的河长，主要职责包括：①负责做好河道日常保洁工作，确保水面无漂浮物、河道两边无垃圾污物；②教育市民和河道两岸居民规范生活行为,不乱排污水,不随意向河道周边乱扔垃圾;③协助城市管理部门对所负责的河道两岸的乱搭乱建、乱堆乱放等行为实施监督管理。2004年,时任水口乡乡长被任命为包漾河河长,负责河岸绿化、水面保洁和清淤疏浚等任务,河长制经验进一步向农村河湖推广,逐步扩展到包漾河周边的渚山港、夹山港、七百亩斗岗等支流,由行政村干部担任河长。长兴县文件中明确的河长,主要基于城区市容环境卫生的管理,河长由行业部门人员担任,职责主要是日常保洁与协助开展河岸"四乱"问题的清理。

2007年,太湖蓝藻事件后,江苏省无锡市印发了《无锡市河(湖、库、荡、氿)断面水质目标及考核办法(试行)》(锡委办发〔2007〕82号),明确将79个河湖断面水质的结果纳入各市、县、区主要负责人的政绩考核,探索实行以水质达标为主要目标的河长制。河长的职责不仅要改善水质,恢复水生态,还要全面提升河道功能,河湖长责任制雏形初步形成。2008年9月,无锡市委、市政府联合印发《关于全面建立"河(湖、库、荡、氿)长制"全面加强河(湖、库、荡、氿)综合整治和管理的决定》(锡委发〔2008〕55号),将河长制实施范围从79个断面推广到全市范围内所有河道,建立市、县、乡、村四级河长责任体系,并从组织架构、目标责任、措施手段、责任追究等多个层面作出了明确规范,要求全面加强河(湖、库、荡、氿)整治和管理。同年,为推进太湖水污染防治,在总结无锡市河长制经验基础上,江苏省政府办公厅印发《关于在太湖主要入湖河流实行双河长制的通知》(苏政办发〔2008〕49号),15条主要入太湖河流全面实行"双河长制"。每条河流分别由省政府负责人和省有关厅局负责人担任省级河长,河流流经的市、县政府负责人担任市、县级河长。

20世纪90年代以来,我国一些河湖水体质量恶化,影响水的正常使用功能,引发河湖生态系统退化。2007年5月,由于蓝藻暴发,太湖梅梁湾和贡湖湾交界的贡湖水厂发生了取水口水源污染事件,一度引发居民用水恐慌,造成严重社会影响。太湖蓝藻事件,是典型的"公地悲剧"问题,河湖污染治理责任主体不清、流域与区域治理责任不清、部门治理责任不清,导致河湖水体质量严重恶化、河湖功能严重退化。针对这些问题，无锡市明确由市政府负责同志担任河长，统筹协调各部门、各区县，推进太湖水体污染综合治理。实施河长制后，无锡河湖整治立竿见影，2008年79个考核断面水质达标率从53.2%提高到71.1%。2009年年底，无锡市815条镇级以上河道全部明确了河长，2010年8月，河长制覆盖到全市所有村级以上河道，总计6519条（段）。

（二）完善推广阶段

无锡市及太湖入湖河流设立河长组织开展水体污染防治的实践探索，取得积极成效。2012年9月，江苏省政府出台《关于加强全省河道管理"河长制"工作意见》（苏政办发〔2012〕166号），明确要求全面落实省骨干河道"河长"；省骨干河道按现行属地管理体制，由河道所在市、县（市、区）人民政府领导或水利部门负责同志担任"河长"。文件中明确的河长主要职责是：督促建立河道管护队伍和管护制度，协调落实河道维修养护经费；组织实施河道疏浚和环境治理；检查河道工程维护、水域岸线资源管理，协调河道管理范围确权划界；依法组织查处各类侵害河道的违法行为。此外，文件还明确了部门职责分工。

2013年11月，浙江省委、省政府印发了《关于全面实施"河长制"进一步加强水环境治理工作的意见》（浙委发〔2013〕36号），明确依据河道分级情况，建立省级、市级、县级、乡（镇）级河长体系。该文件附件《浙江省"河长制"实施方案》中对河长设置及主要职责进一步明确。全省跨设区市的6条水系干流河段，分别由省领导担任河长，省直相关部门为联系部门，流域所经市、县（市、区）政府为责任主体；市、县（市、区）党委、人大常委会、政府、政协的主要负责人和相关负责人担任辖区内河道的河长。河长职责主要包括：负责牵头组织开展包干河道水质和污染源现状调查、制定水环境治理实施方案、推动落实重点工程项目、协调解决重点难点问题，做好督查检查。文件明确：切实加强对"河长制"实施工作的组织协调，按照目标责任制的要求严格考核，考核结果纳入生态建设工作年度考核，作为对领导班子和领导干部综合考核评价的重要依据。

这一时期，河长制完成了从市、县级到省级全面推开的过程。江苏省、浙江省印发的文件要求河长制逐步覆盖全省范围，由省、市、县、乡党政负责同志担任河长。一方面，无锡等地建立河长制，河湖治理取得显著成效，其做法经验需要在全省推广；另一方面，河湖水系相互连通的特点，需要在更大范围内开展保护治理，需要上下游、干支流、左右岸协同治理，需要湖泊与入湖河流统筹治理，需要水域与陆域系统治理。除了河长制在实施范围方面的拓展，河长设置以及河长职责等方面的制度也逐步完善。在河长设置方面，江苏省明确由"市、县（市、区）人民政府领导或水利部门负责同志"担任河长，浙江省明确"市、县（市、区）党委、人大常委会、政府、政协的主要负责人和相关负责人担任辖区内河道的河长"，由"谁担任河长"发生了重大变化，这是河长制完善的关键点，也是河长制在全国推行取得显著成效的创新性制度安排。在河长职责方面，从最初的"日常管理"逐步升级到"统筹协调"再到"包干治理"，河长的责任更加明晰具体，真正破解了河湖治理中"有人用、无人管"和"多头管理、责任不清"的难题。2014年以后，河长制制度架构更加完善，实践效果进一步显现，水利部印发《关于加强河湖管理工作的指导意见》，明确提出鼓励各地积极推行河长制。2016年，有25个省（自治区、直辖市）开始探索河长制，其中北京、天津、福建、江西、安徽等8个省（直辖市）出台专门文件，其余17个省（自治区、直辖市）在市州或区县开展试点。

（三）全面推行阶段

2016年，中央全面深化改革领导小组办公室将起草全国全面推行河长制的文件纳入年度工作要点。在深入调研基础上，经反复修改讨论起草形成全面推行河长制的文件。2016年10月11日，中央全面深化改革领导小组第二十八次会议审议通过了《关于全面推行河长制的意见》。2016年12月11日，中共中央办公厅、国务院办公厅印发实施《关于全面推行河长制的意见》（厅字〔2016〕42号），部署在全国江河湖泊全面推行河长制，明确到2018年年底前全面建立河长制。在全面建立河长制的基础上，考虑到湖泊自然特点及治理难点，水利部按照中央要求组织开展了湖泊保护治理调研并起草了在湖泊设立湖长的文件。2017年11月20日，习近平总书记主持召开十九届中央全面深化改革领导小组第一次会议，审议通过《关于在湖泊实施湖长制的指导意见》。2017年12月26

日,中共中央办公厅、国务院办公厅印发实施《关于在湖泊实施湖长制的指导意见》(厅字〔2017〕51号),明确将所有湖泊纳入全面推行湖长制工作范围,到2018年年底前全面建立湖长制。

《关于全面推行河长制的意见》《关于在湖泊实施湖长制的指导意见》两份文件,部署在全国全面推行河湖长制,明确了河湖长设置的相关要求、河湖治理重点任务以及需要建立的制度,明确全面推行河湖长制的路线图和时间表,河湖长制进入全面推行阶段。《关于全面推行河长制的意见》印发后,各地各部门积极贯彻落实。在2017年新年贺词中,习近平总书记还特别指出"每条河流要有'河长'了"。2017年3月24日,习近平总书记主持召开中央全面深化改革领导小组第33次会议,对全面推行河长制等民生领域改革落实情况的督察报告进行了审议。水利部会同相关部门,建立全面推行河长制工作部际联席会议制度,全面贯彻落实党中央、国务院关于全面推行河长制的决策部署,精心组织、积极推动,制定出台实施方案,开展督导检查,加大信息报送力度,建立部际协调机制。地方各级党委、政府和有关部门把全面推行河长制作为重大任务,主要负责同志亲自协调、推动落实。根据对全面推行河湖长制工作评估,截至2018年年底,全国全面建立河湖长制,按时保质保量完成中央部署的任务。各级河湖长积极履职尽责,聚焦"盛水的盆"和"盆中的水",集中"治乱"、铁腕"治病"、系统"治根",河湖面貌发生显著变化,人民群众的获得感、幸福感、安全感不断增强。

二、河湖长制制度框架

《关于全面推行河长制的意见》《关于在湖泊实施湖长制的指导意见》明确了河湖长制目标、基本原则、组织体系、主要任务、配套制度等内容,提出构建以党政领导负责制为核心的责任体系,建立健全部门联动、区域协调、公众参与的河湖长制组织体系,压实地方党政领导河湖管理保护主体责任,凝聚齐抓共管治水合力,有效破解我国治水难题。

(一)主要目标

《关于全面推行河长制的意见》明确河长制的目标是"构建责任明确、协调有序、监管严格、保护有力的河湖管理保护机制,为维护河湖健康生命、实现河湖功能永续利用提供制度保障"。《关于在湖泊实施湖长制的指导意见》明确湖长制的目标是"加强湖泊管理保护、改善湖泊生态环境、维护湖泊健康生命、实现湖泊功能永续利用"。

(二) 基本原则

坚持生态优先、绿色发展。牢固树立尊重自然、顺应自然、保护自然的理念，处理好河湖管理保护与开发利用的关系，强化规划约束，促进河湖休养生息、维护河湖生态功能。坚持党政领导、部门联动。建立健全以党政领导负责制为核心的责任体系，明确各级河长职责，强化工作措施，协调各方力量，形成一级抓一级、层层抓落实的工作格局。坚持问题导向、因地制宜。立足不同地区不同河湖实际，统筹上下游、左右岸，实行一河一策、一湖一策，解决好河湖管理保护的突出问题。坚持强化监督、严格考核。依法治水管水，建立健全河湖管理保护监督考核和责任追究制度，拓展公众参与渠道，营造全社会共同关心和保护河湖的良好氛围。

(三) 组织体系

《关于全面推行河长制的意见》要求，全面建立省、市、县、乡四级河长体系。各省（自治区、直辖市）设立总河长，由党委或政府主要负责同志担任；各省（自治区、直辖市）行政区域内主要河湖设立河长，由省级负责同志担任；各河湖所在市、县、乡均分级分段设立河长，由同级负责同志担任。县级及以上设置河长制办公室，具体组成由各地根据实际确定。

《关于在湖泊实施湖长制的指导意见》要求，全面建立省、市、县、乡四级湖长体系。各省（自治区、直辖市）行政区域内主要湖泊，跨省级行政区域且在本辖区地位和作用重要的湖泊，由省级负责同志担任湖长；跨市地级行政区域的湖泊，原则上由省级负责同志担任湖长；跨县级行政区域的湖泊，原则上由市地级负责同志担任湖长。同时，湖泊所在市、县、乡要按照行政区域分级分区设立湖长，实行网格化管理，确保湖区所有水域都有明确的责任主体。

按照中央要求，各地建立河湖长组织体系。31个省（自治区、直辖市）设立省级总河长，由党委和政府主要领导担任，分级分段设立省、市、县、乡四级河湖长。各地通过印发实施方案或者总河长令等，因地制宜设立村级河湖长和巡护河员队伍，着力打通河湖管护"最后一公里"，其间涌现出一大批"巾帼河长""企业家河长""河小青""河小禹"等民间河湖长和河湖管理保护志愿者，在强化河湖管理保护中发挥着重要作用，推动河湖长制组织体系不断完善。截至2023年年底，全国设立省、市、县、乡四级河湖长30多万名，村级河湖长（含巡河员、护河员）90多万名，省、市、县全部设立河长制办公室，专职人员超1.8万名。

为维护好南水北调工程安全、供水安全、水质安全，2022年1月，水利部印发《在南水北调工程全面推行河湖长制的方案》，要求南水北调工程沿线设立河湖长。中线工程干线沿线的北京、天津、河北、河南4省（直辖市）全面建立省、市、县、乡四级河湖长体系，鼓励各地因地制宜设置村级河湖长。东线工程干线沿线的天津、河北、江苏、安徽、山东5省（直辖市）对已建立的河湖长制体系进行充实完善。鼓励各省（直辖市）结合实际在南水北调配套工程设置河湖长。东中线干线沿线共明确省、市、县、乡级河湖长1150名，各地因地制宜设立村级河湖长2638名。

（四）任务体系

《关于全面推行河长制的意见》明确河长制的主要任务包括：加强水资源保护、加强河湖水域岸线管理保护、加强水污染防治、加强水环境治理、加强水生态修复、加强执法监管。《关于在湖泊实施湖长制的指导意见》明确湖长制的主要任务包括：严格湖泊水域空间管控、强化湖泊岸线管理保护、加强湖泊水资源保护和水污染防治、加大湖泊水环境综合整治力度、开展湖泊生态治理与修复、健全湖泊执法监管机制。河长制工作任务与湖长制工作任务既相互衔接，又有所不同，重点是围绕河湖特点开展河湖系统治理保护，维护河湖健康生命。

1. 河长制主要任务

河长制主要任务包括6个方面。①加强水资源保护。落实最严格水资源管理制度，严守水资源开发利用控制、用水效率控制、水功能区限制纳污"三条红线"，强化地方各级政府责任，严格考核评估和监督。实行水资源消耗总量和强度双控行动，防止不合理新增取水，切实做到以水定需、量水而行、因水制宜。坚持节水优先，全面提高用水效率，水资源短缺地区、生态脆弱地区要严格限制发展高耗水项目，加快实施农业、工业和城乡节水技术改造，坚决遏制用水浪费。严格水功能区管理监督，根据水功能区划确定的河流水域纳污容量和限制排污总量，落实污染物达标排放要求，切实监管入河湖排污口，严格控制入河湖排污总量。②加强河湖水域岸线管理保护。严格水域岸线等水生态空间管控，依法划定河湖管理范围。落实规划岸线分区管理要求，强化岸线保护和节约集约利用。严禁以各种名义侵占河道、围垦湖泊、非法采砂，对岸线乱占滥用、多占少用、占而不用等突出问题开展清理整治，恢复河湖水域岸线生态功能。③加强水污染防治。落实《水污染防治行动计划》，明确河湖水污染防治目标和任务，统筹水上、岸上污染治理，完善入河湖排污管控机制和考核体系。排查入河湖污染源，加强综合防治，严格治理工矿企业污染、城镇生活污染、畜禽养殖污染、水产养殖污染、农业面源污染、船舶港口污染，改善水环境质量。优化入河湖排污口布局，实施入河湖排污口整治。④加强水环境治理。强化水环境质量目标管理，按照水功能区确定各类水体的水质保护目标。切实保障饮用水水源安全，开展饮用水水源规范化建设，依法清理饮用水水源保护区内违法建筑和排污口。加强河湖水环境综合整治，推进水环境治理网格化和信息化建设，建立健全水环境风险评估排查、预警预报与响应机制。结合城市总体规划，因地制宜建设亲水生态岸线，加大黑臭水体治理力度，实现河湖环境整洁优美、水清岸绿。以生活污水处理、生活垃圾处理为重点，综合整治农村水环境，推进美丽乡村建设。⑤加强水生态修复。推进河湖生态修复和保护，禁止侵占自然河湖、湿地等水源涵养空间。在规划的基础上稳步实施退田还湖还湿、退渔还湖，恢复河湖水系的自然连通，加强水生生物资源养护，提高水生生物多样性。开展河湖健康评估。强化山水林田湖系统治理，加大江河源头区、水源涵养区、生态敏感区保护力度，对三江源区、南水北调水源区等重要生态保护区实行更严格的保护。积极推进建立生态保护补偿机制，加强水土流失预防监督和综合整治，建设生态清洁型小流域，维护河湖生态环境。⑥加强执法监管。建立健全法规制度，加大河湖管理保护监管力度，建立健全部门联合执法机制，完善行政执法与刑事司法衔接机制。建立河湖日常监管巡查制度，实行河湖动态监管。落实河湖管理保护执法监管责任主体、人员、设备和经费。严厉打击涉河湖违法行为，坚决清理整治非法排污、设障、捕捞、养殖、采砂、采矿、围垦、侵占水域岸线等活动。

2. 湖长制主要任务

湖长制主要任务包括6个方面。①严格湖泊水域空间管控。各地区各有关部门要依法划定湖泊管理范围，严格控制开发利用行为，将湖泊及其生态缓冲带划为优先保护区，依法落实相关管控措施。严禁以任何形式围垦湖泊、违法占用湖泊水域。严格控制跨湖、穿湖、临湖建筑物和设施建设，确需建设的重大项目和民生工程，要优化工程建设方案，采取科学合理的恢复和补救措施，最大限度减少对湖泊的不利影响。严格管控湖区围网养殖、采砂等活动。流域、区域涉及湖泊开发利用的相关规划应依法开展规划环评，湖泊管理范围内的建设项目和活动，必须符合相关规划并科学论证，严格执行工程建设方案审查、环境影响评价等制度。②强化湖泊岸线管理保护。实行湖泊岸线分区管理，依据土地利用总体规划等，合理划分保护区、保留区、控制利用区、可开发利用区，明确分区管理保护要求，强化岸线用途管制和节约集约利用，严格控制开发利用强度，最大程度保持湖泊岸线自然形态。沿湖土地开发利用和产业布局，应与岸线分区要求相衔接，并为经济社会可持续发展预留空间。③加强湖泊水资源保护和水污染防治。落实最严格水资源管理制度，强化湖泊水资源保护。坚持节水优先，建立健全集约节约用水机制。严格湖泊取水、用水和排水全过程管理，控制取水总量，维持湖泊生态用水和合理水位。落实污染物达标排放要求，严格按照限制排污总量控制入湖污染物总量、设置并监管入湖排污口。入湖污染物总量超过水功能区限制排污总量的湖泊，应排查入湖污染源，制定实施限期整治方案，明确年度入湖污染物削减量，逐步改善湖泊水质；水质达标的湖泊，应采取措施确保水质不退化。严格落实排污许可证制度，将治理任务落实到湖泊汇水范围内各排污单位，加强对湖区周边及入湖河流工矿企业污染、城镇生活污染、畜禽养殖污染、农业面源污染、内源污染等综合防治。加大湖泊汇水范围内城市管网建设和初期雨水收集处理设施建设，提高污水收集处理能力。依法取缔非法设置的入湖排污口,严厉打击废污水直接入湖和垃圾倾倒等违法行为。④加大湖泊水环境综合整治力度。按照水功能区区划确定各类水体水质保护目标,强化湖泊水环境整治,限期完成存在黑臭水体的湖泊和入湖河流整治。在作为饮用水水源地的湖泊,开展饮用水水源地安全保障达标和规范化建设,确保饮用水安全。加强湖区周边污染治理,开展清洁小流域建设。加大湖区综合整治力度,有条件的地区,在采取生物净化、生态清淤等措施的同时,可结合防洪、供用水保障等需要,因地制宜加大湖泊引水排水能力,增强湖泊水体的流动性,改善湖泊水环境。⑤开展湖泊生态治理与修复。实施湖泊健康评估。加大对生态环境良好湖泊的严格保护,加强湖泊水资源调控,进一步提升湖泊生态功能和健康水平。积极有序推进生态恶化湖泊的治理与修复,加快实施退田还湖还湿、退渔还湖,逐步恢复河湖水系的自然连通。加强湖泊水生生物保护,科学开展增殖放流,提高水生生物多样性。因地制宜推进湖泊生态岸线建设、滨湖绿化带建设、沿湖湿地公园和水生生物保护区建设。⑥健全湖泊执法监管机制。建立健全湖泊、入湖河流所在行政区域的多部门联合执法机制,完善行政执法与刑事司法衔接机制,严厉打击涉湖违法违规行为。坚决清理整治围垦湖泊、侵占水域以及非法排污、养殖、采砂、设障、捕捞、取用水等活动。集中整治湖泊岸线乱占滥用、多占少用、占而不用等突出问题。建立日常监管巡查制度,实行湖泊动态监管。

(五) 制度体系

中央文件明确,全面推行河湖长制需要建立河长会议制度、信息共享制度、工作督察制度,协调解决河湖管理保护的重点难点问题,定期通报河湖管理保护情况,对河长制实施情况和河长履职情况进行督察。同时,明确要强化考核问责,根据不同河湖存在的主要问题,实行差异化绩效评价考核,将领导干部自然资源资产离任审计结果及整改情况作为考核的重要参考。县级及以上河长负责组织对相应河湖下一级河长进行考核,考核结果作为地方党政领导干部综合考核评价的重要依据。实行生态环境损害终身追究制,对造成生态环境损害的,严格按照有关规定追究责任。

《水利部、环境保护部关于印发贯彻落实〈关于全面推行河长制的意见〉实施方案的函》（水建管函〔2016〕449号）明确，各地要建立河长会议制度，协调解决河湖管理保护中的重点难点问题。建立信息共享制度，定期通报河湖管理保护情况，及时跟踪河长制实施进展。建立工作督察制度，对河长制实施情况和河长履职情况进行督察。建立考核问责与激励机制，对成绩突出的河长及责任单位进行表彰奖励，对失职失责的要严肃问责。建立验收制度，按照工作方案确定的时间节点，及时对建立河长制进行验收。

《水利部办公厅关于加强全面推行河长制工作制度建设的通知》（办建管函〔2017〕544号）要求，各地需抓紧制定并按期出台河长会议、信息共享、工作督察、考核问责与激励、验收等中央明确要求的工作制度，各地也可根据本地实际，因地制宜，选择或另行增加制定出台适合本地区河长制工作的相关制度，包括河长巡查制度、工作督办制度、联席会议制度、重大问题报告制度、部门联合执法制度。

三、河湖长制工作情况

中央文件印发以来，各地各部门高度重视，高位推动，认真落实。水利部会同有关部门不断完善制度机制，出台了一系列政策文件、开展了多项专项行动，各级河湖长履职尽责，解决了一批长期困扰河湖的"顽疾旧病"，纵深推进河湖治理保护各项工作，河湖长制实现从"有名有实"到"有能有效"。

（一）开展河湖长制工作督促指导

1. 建立完善河湖长制工作机制

为落实全面推行河湖长制工作任务，水利部成立河长制湖长制工作领导小组，下设办公室，由水利部河湖管理司承担日常工作。2017年，经国务院同意，建立了由水利部牵头，国家发展改革委、环境保护部等10部委组成的全面推行河长制工作部际联席会议制度。2017年5月2日，联席会议召开第一次全体会议，制定印发了2017年工作要点，明确了6个方面24项重点工作任务。2021年3月1日，经国务院同意，调整完善全面推行河湖长制工作部际联席会议制度，由国务院领导担任联席会议召集人,水利部部长和国务院分管副秘书长担任副召集人,其他成员单位有关负责同志为联席会议成员,水利部为牵头单位,联席会议办公室设在水利部。2021年6月,水利部印发《全面推行河湖长制工作部际联席会议工作规则》《全面推行河湖长制工作部际联席会议办公室工作规则》,明确了联席会议及其办公室的主要职责、议事规则、工作要求等,保障联席会议制度正常规范高效运转,促进联席会议成员单位密切配合、相互支持,增强河湖管理保护政策措施的系统性、整体性、协同性,形成河湖监管和保护合力。

为强化流域层面统筹协调,长江、黄河、淮河、海河、珠江、松辽、太湖七个流域全部建立省级河湖长联席会议机制,明确进一步建立完善上下游、左右岸、干支流、省际间联防联控联治机制,协调解决流域河湖管理保护中的重大问题,开展联合执法,监督检查流域各省河湖长制工作落实情况,持续推进幸福河湖建设,促进河湖管理保护和流域经济社会高质量发展。

2.制定出台河湖长制配套政策

2017年1月,水利部、环境保护部印发《贯彻落实〈关于全面推行河长制的意见〉实施方案》,进一步明确细化了贯彻落实《关于全面推行河长制的意见》的相关要求。2018年10月,水利部印发《关于推动河长制从"有名"到"有实"的实施意见》,要求细化实化河长制六大任务,聚焦管好"盆"和"水",明确集中开展全国河湖"清四乱"专项行动,管好河道湖泊空间及其水域岸线。2019年12月,水利部办公厅印发《关于进一步强化河长湖长履职尽责的指导意见》,要求各级河湖长增强政治自觉和行动自觉,主动作为、担当尽责,当好河湖管理保护的"领队",做到守河有责、守河担责、守河尽责,解决好"干什么""谁来干""怎么干"的问题。2021年5月,水利部印发实施的《关于河长湖长履职规范(试行)的通知》(水河湖函〔2021〕72号),进一步细化各级河湖长职责任务,有针对性规定了各级河湖长的履职重点和履职方式,提升履职成效,推动河湖长制落地生根见实效。2022年1月,水利部印发《在南水北调工程全面推行河湖长制的方案》,要求充分发挥河湖长制优势,及时协调解决南水北调工程安全管理中的突出问题。2024年9月,水利部印发《关于进一步完善青藏高原地区河湖长制的意见》(水河湖〔2024〕233号),明确建立健全青藏高原江河、湖泊管理和保护制度,印发《关于加强涉河湖重大问题调查与处置的意见》(水河湖〔2024〕242号),提出构建全程追溯、追查有力、有错必纠、有责必追的涉河湖重大问题调查处置机制。

3. 部署开展河湖治理保护专项行动

为进一步推动河湖长制工作取得实效,加强河湖管理保护,维护河湖健康生命,水利部组织在全国范围内对乱占、乱采、乱堆、乱建等河湖管理保护突出问题开展专项清理整治行动。2018年7月,水利部办公厅印发《关于开展全国河湖"清四乱"专项行动的通知》,明确专项行动范围、目标、清理整治主要内容、组织实施、行动步骤和进度安排、工作要求等内容。2020年3月,水利部办公厅印发《关于深入推进河湖"清四乱"常态化规范化的通知》,要求"落实属地责任、深入自查自纠、确保立行立改、不断规范管理、加强监督检查",深入推进"清四乱"常态化、规范化。2024年2月,水利部印发《关于纵深推进河湖库"清四乱"常态化规范化的通知》,将水库纳入"清四乱"范畴,要求以"零容忍"态度深入排查整治。

加强执法监管,建立健全部门联合执法机制,是全面推行河湖长制的重要工作任务,水利部会同相关部门,开展河湖执法专项行动。2022年9月,水利部、公安部印发《关于加强河湖安全保护工作的意见》,明确河湖安全保护协作重点任务,要求建立健全河湖安全保护协作机制,进一步强化水利部门和公安机关的协作配合,健全水行政执法与刑事司法衔接工作机制,提升河湖安全保护工作效能,有效防范和依法打击涉水违法犯罪,维护河湖管理秩序。2023年6月,水利部等5部门办公厅联合印发《河湖安全保护专项执法行动工作方案》,聚焦河湖安全保护的重点领域和关键环节,加强水利部门与审判机关、检察机关、公安机关、司法行政机关的协作配合,依法打击侵占河湖、妨碍行洪安全、破坏水工程、非法采砂、非法取水、人为造成水土流失等领域的违法犯罪行为,立案查处一批典型违法案件,全面强化水行政执法与刑事司法衔接、与检察公益诉讼协作,切实维护河湖管理秩序,共同保障国家水安全。

4. 强化监督检查与技术指导

为督促各地按照中央要求开展河湖长制工作，水利部持续组织开展河湖长制落实情况监督检查，每年在全国选取百余个县（区）千余个河段（湖片）进行"四不两直"现场检查，对发现的问题及时督促整改，重大问题由水利部挂牌督办，并适时组织开展 2018 年以来发现的河湖重大违法违规问题整改情况"回头看"。为落实中央要求部署、回应各地关切，水利部河长办组织编制一批技术文件印发，指导相关工作规范开展。2017 年 9 月和 2018 年 4 月，水利部分别印发了《"一河（湖）一策"方案编制指南（试行）》和《"一河（湖）一档"建立指南（试行）》，指导各地做好"一河（湖）一策"方案编制、"一河（湖）一档"建立工作。为指导各地做好河湖健康评价工作，2020 年 8 月，水利部河长办印发实施《河湖健康评价指南（试行）》，提出了河湖健康评价建议指标体系和评价方法；2022 年 12 月，水利部办公厅印发《关于开展河湖健康评价建立河湖健康档案工作的通知》，明确开展河湖健康评价和建立河湖健康档案的要求；2023 年 7 月，水利部河湖管理司印发《关于进一步明确河湖健康评价有关事项的通知》，对各地进一步优选评价指标、优化评价方法、规范建立档案提出了相关要求。在信息化建设方面，2018 年 1 月，水利部印发《河长制湖长制管理信息系统建设指导意见》《河长制湖长制管理信息系统建设技术指南》，明确了河湖长制管理信息系统建设的总体要求、主要目标、主要任务和保障措施以及数据库建设技术要求、业务范围、相关业务协同工作和信息安全等内容，指导推动全国河湖长制管理信息系统建设与提档升级。

（二）推进河湖长制任务落实落地

根据水利部河长办组织开展的总结评估，截至 2018 年年底，各省（自治区、直辖市）按照中央要求，全面建立河湖长制。各级河湖长积极开展工作，统筹协调推进河湖治理保护任务落实落地。

在组织体系方面，各地按照中央要求建立四级河湖长组织体系，30 万名省、市、县、乡级河湖长年均巡查河湖 700 万人次。根据末梢河段日常维护管理需要，有的地方因地制宜设立村级河长或者巡河员护河员，承担河湖日常管护工作。

在制度创新方面,根据河湖治理管护实际需要,创新建立"河湖长+警长""河湖长+检察长""河湖长+警长+检察长"等机制,解决了一批河湖治理保护中"老大难"问题。

在河湖治理方面,积极开展污染防治、生态修复、综合治理。以长江、黄河、京杭大运河等为重点,组织实施岸线利用项目、固体废物、非法矮围、取水口、河道采砂等清理整治专项行动,历史遗留河湖问题大规模减少,重大问题基本实现零新增。河湖水体污染治理持续加强,2023年全国地表水环境质量优良(Ⅰ～Ⅲ类)水质断面比例为89.4%,同比上升1.5个百分点,"十三五"以来实现"八连升",累计上升21.6个百分点。河湖生态复苏取得积极进展,全国跨省重要江河生态流量保障体系全面建立,河流生态流量目标保障率稳定达到90%以上,断流26年的永定河从2021年以来连续4年全线复流,断流100年的京杭大运河从2022年以来连续3年实现了全线贯通,河湖生态系统得到重构。

在幸福河湖建设方面,水利部会同财政部支持地方62个幸福河湖建设项目,带动各地打造幸福河湖3200多条,群众身边的河湖更加河畅、水清、岸绿、景美,获得感、幸福感、安全感不断提升。

通过召开联席会议、开展联合执法、建立信息共享制度等方式,构建多种河湖长效管护新模式。福建等地通过聘请第三方管护公司等方式建立日常管护长效机制。山东以数字赋能河湖管护,打造"无人机+河管员+数字孪生"的河湖数字化、立体化管护"滨州模式",全面提升河湖管护水平。四川探索构建基层河湖管护"解放模式"并在全省推广,通过完善村级河长设置、健全工作机构、增强管护力量,打通河湖管护"最后一公里"。

第二节 河湖长及河长制办公室履职要求

2019年12月,水利部办公厅印发《关于进一步强化河长湖长履职尽责的指导意见》(办河湖〔2019〕267号),强化河长湖长履职尽责,推动河湖长制尽快从"有名"向"有实"转变。2021年5月,《河长湖长履职规范(试行)》(水河湖函〔2021〕72号)经全面推行河湖长制工作部际联席会议审议通过并印发实施。本节对文件中明确的各级河湖长职责及履职要求进行梳理。

一、河湖长履职要求

总河长负责组织领导本行政区域内河湖管理和保护工作，是本行政区域全面推行河湖长制工作的第一责任人，对本行政区域内的河湖管理和保护负总责。最高层级河长湖长对相应河湖管理和保护负总责，分级分段（片）河长湖长对本辖区内相应河湖管理和保护负直接责任。各级河长湖长负责组织领导相应河湖的管理和保护工作，包括水资源保护、水域岸线管理、水污染防治、水环境治理等，牵头组织对侵占河道、围垦湖泊、超标排污、违法养殖、非法采砂、破坏航道、电毒炸鱼等突出问题依法进行清理整治，协调解决重大问题；统筹协调湖泊与入湖河流的管理保护工作，对跨行政区域的河湖明晰管理责任，协调上下游、左右岸实行联防联控；对相关部门（单位）和下一级河长湖长履职情况进行督导，对目标任务完成情况进行考核，强化激励问责。

河长牵头建立健全党政领导负责制为核心的责任体系，建立全面推行河湖长制工作领导机制；主持研究河湖长制推行中的重大政策措施，主持审议河湖管理和保护中的重大事项、重要制度、重点任务；结合本地实际，主持召开总河长会议、河湖长制工作会议或签发文件部署安排重点任务，以总河长令部署开展河湖突出问题专项整治行动。

（一）省级总河（湖）长

省级总河（湖）长对是省级行政区域全面推行河湖长制工作第一责任人，对省级行政区域内的河湖管理和保护负总责，统筹部署、协调、督促、考核省级行政区域内河湖管理和保护工作。

省级总河（湖）长的主要任务包括：①审定河湖管理和保护中的重大事项、河湖长制重要制度文件，审定省级河长制办公室职责、河湖长制组成部门（单位）责任清单，推动建立部门（单位）间协调联动机制；②主持研究部署河湖管理和保护重点任务、重大专项行动，协调解决河湖长制推进过程中涉及全局性的重大问题；③组织督导落实河湖长制监督考核与激励问责制度；④督导河长湖长体系动态管理，及时向社会公告。

省级总河（湖）长的履职方式：①主持召开总河长会议、河湖长制工作会议或签发文件部署安排重点任务，以总河长令部署开展河湖突出问题专项整治行动；②定期或不定期开展河湖巡查调研活动，动态掌握河湖健康状况，及时协调解决河湖管理和保护中的问题，原则上，总河长每年开展河湖巡查调研活动不少于1次。

（二）省级河湖长

省级河湖长的主要任务包括：①审定并组织实施相应河湖"一河（湖）一策"方案，组织开展相应河湖突出问题专项整治，协调解决相应河湖管理和保护中的重大问题；②明晰相应河湖上下游、左右岸、干支流地区管理和保护目标任务，推动建立流域统筹、区域协同、部门联动的河湖联防联控机制；③组织对省级相关部门（单位）和下一级河长湖长履职情况进行督导，对目标任务完成情况进行考核；④完成省级总河长交办的任务。

省级河湖长的履职方式：①牵头建立相应河湖管理和保护工作联席会议制度；②主持召开河长会议或专题会议，研究落实相应河湖管理和保护有关政策措施，审议相应河湖治理保护方案，协调相应河湖管理和保护的目标任务，安排年度重点任务；③定期或不定期开展河湖巡查调研活动，动态掌握河湖健康状况，及时协调解决河湖管理和保护中的问题，原则上，省级河湖长每年开展河湖巡查调研活动不少于2次；④组织河长制办公室、有关部门（单位）加强抽查检查，查清问题底数，建立问题台账；⑤每年听取或审阅相应河湖管理和保护有关部门（单位）和相应河湖的下一级河长湖长履行职责情况报告。

（三）市级河湖长

市级河湖长的主要任务包括：①负责落实上级河长湖长部署的工作；②对责任河湖进行日常巡查，及时组织问题整改；③审定并组织实施责任河湖"一河（湖）一策"方案，组织开展责任河湖专项治理工作和专项整治行动；④协调和督促相关主管部门制定、实施责任河湖管理保护和治理规划，协调解决规划落实中的重大问题；⑤督促制定本级河湖长制组成部门责任清单，推动建立区域间部门间协调联动机制；⑥督促下一级河长湖长及本级相关部门处理和解决责任河湖出现的问题、依法查处相关违法行为,对其履职情况和年度任务完成情况进行督导考核。

市级河湖长的履职方式:①牵头组织细化相应河湖管理和保护目标任务,并分解落实到有关部门(单位);②定期或不定期开展河湖巡查调研活动,动态掌握河湖健康状况,及时协调解决河湖管理和保护中的问题,原则上,市级河湖长每年开展河湖巡查调研活动不少于3次;③组织河长制办公室、有关部门(单位)加强抽查检查,查清问题底数,建立问题台账;④每年听取或审阅相应河湖管理和保护有关部门(单位)和相应河湖的下一级河长湖长履行职责情况报告。

(四)县级河湖长

县级河湖长的主要任务包括:①负责落实上级河长湖长部署的工作;②对责任河湖进行日常巡查,及时组织问题整改;③审定并组织实施责任河湖"一河(湖)一策"方案,组织开展责任河湖专项治理工作和专项整治行动;④协调和督促相关主管部门制定、实施责任河湖管理保护和治理规划,协调解决规划落实中的重大问题;⑤督促制定本级河湖长制组成部门责任清单,推动建立区域间部门间协调联动机制;⑥督促下一级河长湖长及本级相关部门处理和解决责任河湖出现的问题、依法查处相关违法行为,对其履职情况和年度任务完成情况进行督导考核。

县级河湖长的履职方式:①牵头组织细化相应河湖管理和保护目标任务,并分解落实到有关部门(单位);②定期或不定期开展河湖巡查调研活动,动态掌握河湖健康状况,及时协调解决河湖管理和保护中的问题,原则上,县级河湖长每季度开展河湖巡查调研活动不少于1次;③组织河长制办公室、有关部门(单位)开展相应河湖问题自查自纠;④每年听取或审阅相应河湖管理和保护有关部门(单位)和相应河湖的下一级河长湖长履行职责情况报告。

(五)乡级河湖长

乡级河湖长的主要任务包括:①负责落实上级河长湖长交办的工作,落实责任河湖治理和保护的具体任务;②对相应河湖进行日常巡查,对巡查发现的问题组织整改;③对需要由上一级河长湖长或相关部门解决的问题及时向上一级河长湖长报告。

乡级河湖长的履职方式：①定期或不定期开展河湖巡查调研活动，动态掌握河湖健康状况，及时协调解决河湖管理和保护中的问题，原则上，乡级河湖长每月开展河湖巡查调研活动不少于1次；②积极协助县级河长湖长、有关部门（单位）开展问题整改落实工作。

（六）村级河湖长

中央文件明确设立省、市、县、乡四级河长湖长，各省（自治区、直辖市）因地制宜设立了村级河湖长（巡河员护河员）。

村级河湖长的主要任务包括：①负责在村（居）民中开展河湖保护宣传；②组织订立河湖保护的村规民约；③对相应河湖进行日常巡查，对发现的涉河湖违法违规行为进行劝阻、制止，能解决的及时解决，不能解决的及时向相关上一级河长湖长或部门报告；④配合相关部门现场执法和涉河湖纠纷调查处理（协查）等。

村级河湖长的履职方式：①定期或不定期开展河湖巡查调研活动，动态掌握河湖健康状况，及时协调解决河湖管理和保护中的问题，原则上，村级河湖长每周开展河湖巡查调研活动不少于1次；②积极协助乡级河长湖长、县级有关部门（单位）开展问题整改落实工作。

二、河长制办公室履职要求

《关于全面推行河长制的意见》明确，河长制办公室承担河长制组织实施具体工作，落实河长确定的事项。各有关部门和单位按照职责分工，协同推进各项工作。2021年7月，水利部河长办印发《河长制办公室工作规则（试行）》，明确河长办的主要职责、主要任务、履职方式等。

（一）主要职责

《河长制办公室工作规则（试行）》明确，河长办的主要职责是承担河湖长制组织实施的具体工作，履行组织、协调、分办、督办职责，落实总河长、河长湖长确定的事项，当好总河长、河长湖长的参谋助手。

（二）主要任务

制定河湖长制法规文件、工作制度、工作计划（要点）；组织建设"一河（湖）一档"、编制"一河（湖）一策"方案；落实上级有关部门（单位）交办事项和本级总河长、河长湖长确定的事项，处理公众投诉举报；组织或配合有关部门（单位）开展河湖治理保护专项行动，督促做好问题整改落实；承担河湖长制任务落实情况的检查、考核和信息通报工作；组织开展河湖长制宣传活动，指导河湖保护公益志愿活动；组织开展河湖长制培训活动，建立河湖长制信息发布平台；推动建立河湖长制相关工作机制，协调有关部门（单位）落实河湖长制各项任务；分办上级安排部署的任务和总河长、河长湖长研究确定的事项，并做好督办工作；做好河长湖长体系动态管理；完成上级或本级总河长、河长湖长交办的任务。

（三）履职方式

1. 组织做好日常工作

制订河湖长制年度工作计划（要点），提出目标任务和部门（单位）分工建议，经征求河湖长制成员单位意见，按程序提请审议通过后印发实施。组织开展河湖长制工作总结，起草本级党委、政府河湖长制年度工作总结报告。做好河长湖长体系动态管理，建立河湖长动态调整和责任递补机制。河长湖长工作岗位调整后，按有关程序及时变更河长湖长，并向社会公告，变更河长湖长公示牌信息。县级河长制办公室要指导督促做好乡级、村级河长湖长调整相关事宜。协助总河长、河长湖长开展巡河（湖）调研活动，事前组织开展明察暗访，摸清河湖存在的突出问题，征询有关地方需要协调解决的重大问题，收集基层干部职工和群众意见。结合实际推动设立民间河长、巡（护）河员岗位；指导开展河湖保护公益志愿活动；协调新闻媒体加强河湖长制宣传报道。开展业务培训。制订年度培训计划，举办河长湖长、河长制工作人员、河湖管护人员培训活动。畅通问题举报反映渠道，加强舆情监测监控，及时掌握河湖管理和保护中的各类问题。

2. 加强制度建设

组织提出河湖长制立法草案或将河湖长制纳入地方性法规、政府规章条文建议，提出河湖管理和保护重大政策措施建议。组织制定河湖长制工作制度，一般包括：河长湖长会议制度、河长湖长巡查制度、信息共享制度、信息报送制度、工作督察制度、考核激励与问责制度、河长湖长述职制度、河长湖长工作交接制度、举报投诉处理制度、问题交办分办督办制度等，经征求有关方面意见后，按程序提请审议后印发实施。

3. 加强工作协调

建立"河长湖长＋部门"的对口联动机制。提出配合河长湖长履行职责的联系部门（单位）建议，经征求相关方面意见后，按程序提请审议通过后实施。建立"河长湖长＋警长""河长湖长＋检察长"工作机制，强化行政执法与刑事司法相衔接。建立"河长制办公室＋部门"协作机制，加强与部门（单位）沟通协调，强化分办、督办，推动形成河长湖长牵头、河长制办公室统筹、部门（单位）各司其职、分工负责、密切协作的工作格局。建立河湖长制组成部门联络员制度，不定期召开联络员会议，调度河湖长制重点工作，协调解决河湖长制推进中的问题。推动建立跨行政区域河湖联防联控机制。积极与河湖上下游、左右岸、干支流、出入湖河流地区河长制办公室沟通协调，推动建立联合共治机制，统一管理目标任务和治理标准，共享河湖管理和保护信息，联合开展执法监督活动，着力实现流域区域联防联治。

4. 分解落实任务

根据部门（单位）"三定"职责，细化分解《关于全面推行河长制的意见》《关于在湖泊实施湖长制的指导意见》明确的水资源保护、水域岸线管理保护、水污染防治、水环境治理、水生态修复、执法监管等任务，提出部门（单位）任务分工建议方案，按程序提请总河长审定后实施。本级总河长、河长湖长确定的事项，及时分解落实到有关部门（单位），并跟踪进展成效，做到件件有落实、事事有回应。有关方面交办、转办以及组织排查发现的河湖问题，进行分类汇总，建立问题台账。涉及政策且带有普遍性的重大问题，提请本级总河长主持研究整治意见；属于个体性的重大问题，提请相应河湖的本级河长湖长主持研究整治意见；属于一般性问题，转交相关部门（单位）处理。对于跨行政区域的河湖问题，提交上一级河长制办公室协调解决。

5. 加强检查督办

加强监督检查。建立完善河湖长制监督检查制度，采取联合检查与专项检查相衔接、明查与暗访相结合的方式，组织开展常态化的监督检查活动，重点检查河湖存在的问题和下级河长湖长及有关部门（单位）履行职责情况等，发现问题及时交办，要求限时整改，重大问题要挂牌督办。督促问题整改。针对分解落实到本级有关部门（单位）负责整改的问题，督促制定整改方案，强化整改措施，确保整改落实到位；针对监督检查发现并交办下级河长湖长、有关部门（单位）整改的问题，提出整改目标、时限要求，跟踪整改进展成效，严格销号管理。加强情况通报。对本级总河长、河长湖长确定的事项落实情况、重大专项行动进展成效、重要河湖健康状况等进行通报，对监督检查发现的重大问题进行曝光。强化约谈提醒。对于监督检查发现下级河长制办公室、有关部门（单位）履行职责不到位的、河湖问题突出的、问题整改进展缓慢或虚假整改的，会同本级有关部门（单位）约谈下级河长制办公室、有关部门（单位）负责人。对于监督检查发现下级河长湖长履行职责不及时、不到位的，及时发送提醒函，督促履职尽责。严肃追责问责。针对河湖突出问题，依照管辖权限督促有关部门（单位）追究违法违规单位和个人的责任；对失职失责的相关责任人，提请有管辖权的组织严肃问责。

6. 加强管理基础

组织建设"一河（湖）一档"。结合有关部门（单位）开展河湖基础信息调查和水质水量水环境等动态信息监测，建立河湖档案。组织编制"一河（湖）一策"方案，征求有关方面意见并组织专家审查，报本级相关河长湖长审定后印发实施。组织开展河湖健康评价，评估河湖健康状况，为河长湖长履行职责提供决策支持，为修订完善"一河（湖）一策"方案提供依据。组织建设河湖长制管理信息系统，建设河湖"一张图"，推进河湖管理保护信息化、智慧化。

7. 严格绩效考核

做好河湖长制考核。根据本地河湖长制绩效考核制度，细化量化考核指标，按照日常考核与年度考核相结合，承担对本级河长制组成部门（单位）、下一级地方落实河湖长制情况以及下一级河长湖长履职情况进行考核。强化考核结果应用。考核结果及应用建议按程序提请审定后，交本级党委、政府考核办公室和组织部门。

第三节　河湖长制重点工作开展情况

按照《关于全面推行河长制的意见》《关于在湖泊实施湖长制的指导意见》要求，2018年年底前要在全国全面建立河湖长制，这一阶段主要工作是建立河长组织、明确责任主体、完善工作机制、形成制度体系，形象地称之为河湖长制1.0版，开展了河湖长制中期评估和总结评估等工作。河湖长制"四梁八柱"搭建完成后，组织开展了河湖"四乱"整治、水体污染防治、河湖生态复苏等工作，河湖面貌显著改观，形象地称之为河湖长制2.0版本。目前，河湖长制已进入全面强化、标本兼治、打造幸福河湖的3.0版本。

一、全面推行河湖长制中期评估

为确保《关于全面推行河长制的意见》提出的各项目标任务落地生根、取得实效，水利部联合环境保护部印发《贯彻落实〈关于全面推行河长制的意见〉实施方案》，明确在2017年年底组织对建立河长制工作进展情况进行中期评估，2018年年底组织对全面推行河长制情况进行总结评估。

按照相关部署要求，受水利部、环境保护部委托，2017年10月至2018年1月，水利部发展研究中心、环境保护部环境规划院作为评估机构，具体承担全面建立河长制工作中期评估相关工作。2017年11月6日，水利部办公厅、环境保护部办公厅印发《关于全面建立河长制工作中期评估技术大纲》，明确采取自评估、第三方评估相结合的方式，对各省份开展中期评估。

31个省（自治区、直辖市）和新疆生产建设兵团，按照技术大纲要求，以2017年12月31日为截止日，对本省份全面建立河长制进行自评估，总结进展情况、典型经验和做法，查找问题，提出建议，并进行定量评估，填报了工作方案、总河长设立、分级分段河长设立、河长制办公室设置、六项制度制定、地方性法规和其他制度等6类基础数据表，于2018年1月10日向水利部河长办和评估机构提交了自评估报告。

评估机构按照技术大纲编制相关核查技术要求文件，抽调水利部发展研究中心、原环境保护部环境规划院及水利部七个流域管理机构、水利部水利水电规划设计总院、中国水利水电科学研究院、南京水利科学研究院等单位的负责同志和专家共193人，组成32个核查组分别对32个省份进行现场核查。根据自评估报告、核查报告和基础数据表，评估机构对全面建立河长制工作进行总体评估，形成中期评估报告。水利部在全面梳理总结全国全面推行河长制情况基础上，形成总结报告报送党中央、国务院，中期评估报告作为附件一并上报。

评估报告认为，全面推行河长制是党中央、国务院作出的重大改革部署，是加快生态文明体制改革、建设美丽中国的重要战略举措。在党中央、国务院的坚强领导下，水利部会同有关部门多措并举、协同推进，地方党委政府担当尽责、狠抓落实，全面推行河长制进展顺利，取得重要阶段性成果。

二、全面推行河湖长制总结评估

2018—2019年开展的全面推行河湖长制总结评估，系统分析了河湖长制体系建设情况、任务落实情况、工作开展情况以及河湖治理成效，回答了河湖长制能否在全国全面推行以及能否取得实效等社会广泛关注的问题。

在水利部河长办指导下，水利部发展研究中心会同河海大学、华北水利水电大学开展全面推行河湖长制总结评估工作。围绕中央文件明确的各项研究，在深入研究和广泛征求意见的基础上，形成全面推行河湖长制总结评估指标体系，见表3-1。

表3-1　　　　全面推行河湖长制总结评估指标体系

类别	准则层		指标层	
	评估内容	分值	评估内容	分值
"有名"	河湖长组织体系建设	25	总河长设立和公告情况	4
			河湖长设立和公告情况	9
			河湖长制办公室建设情况	9
			河湖长公示牌设立情况	3

第三节 河湖长制重点工作开展情况

续表

类别	准则层		指标层	
	评估内容	分值	评估内容	分值
"有名"	河湖长制制度及机制建设情况	15	省、市、县六项制度建立情况	4
			工作机制建设情况	8
			河湖管护责任主体落实情况	3
"有实"	河湖长履职情况	12	重大问题处理	8
			日常工作开展	4
	工作组织推进情况	16	督察与考核结果运用情况	6
			基础工作开展情况	6
			宣传与培训情况	4
	河湖治理保护及成效	32	河湖水质及城市集中式饮用水水源水质达标情况	9
			地级及以上城市建成区黑臭水体整治情况	4
			河湖水域岸线保护情况	9
			河湖生态综合治理情况	5
			公众满意度调查	5

各地按照评估指标开展自评估，在此基础上，评估机构组织开展核查，形成评估报告。经综合评估，31 个省份得分在 85.60~96.90 分之间，其中 19 个省份得分 90 分以上，平均得分 90.77 分。关于河湖长履职情况，天津、浙江、重庆和云南得分在 11.5 分以上，其余省份得分主要在 10.18~11.49 分之间；扣分项主要是存在日常履职不到位，重大问题处理不力。关于河湖治理保护成效，福建、山东和宁夏得分在 30 分以上，其余省份得分在 23~29.6 分之间；扣分项主要在河湖水域岸线保护和河湖生态综合治理方面。总体来看，河湖长制工作在河湖治理和保护方面已取得明显成效。

通过开展评估，回答了"推行河湖长制能否实现改善河湖生态环境的预期效果"等重大问题，对河湖长制实施成效及存在问题进行了分析诊断，评估结果为全面推行河湖长制提供了重要决策支撑。评估报告认为，全面推行河湖长制以来，各地认真贯彻落实党中央、国务院决策部署，积极推进工作，全国河（湖）长组织体系全面建立，实现"有名"，大多数省份正在开展河湖"清四乱"、黑臭水体整治等工作，处于从"有名"转向"有实"阶段，个别省份河湖治理已经取得实效、面貌显著改观。

三、开展河湖库"清四乱"

2018年7月，水利部在全国范围内部署开展了河湖"清四乱"专项行动，各地积极落实水利部关于河湖"清四乱"的各项政策要求，形成了"高位推动—规范标准—系统排查—督查督办"的行动链条。

《水利部办公厅关于开展全国河湖"清四乱"专项行动的通知》（办建管〔2018〕130号）提出，用1年时间在全国范围内对乱占、乱采、乱堆、乱建等河湖管理保护突出问题开展专项清理整治行动，明确了专项行动范围、行动目标、清理整治主要内容、行动步骤和进度安排等。工作部署后，地方各级总河长牵头，通过签发河长令、主持召开总河长会议等形式强力推动，一些长期侵占河湖的"四乱"问题得到解决。针对工作中各地反映的对"四乱"的认定问题，2018年11月，水利部印发《关于明确全国河湖"清四乱"专项行动问题认定及清理整治标准的通知》（办河湖〔2018〕245号），对"四乱"问题认定、清理整治标准等作了明确要求。各地根据要求并结合当地河湖管护实际，出台工作方案，进一步细化整治标准，明确工作原则，切实规范问题整治程序，落实工作职责，推动专项行动落地。例如，宁夏回族自治区制定印发《宁夏河湖"四乱"问题认定及清理整治标准》和《宁夏河湖"四乱"问题整改验收销号办法》，分类明确问题情形和认定标准，规定了县级认定整改、市级验收销号、区级抽查复核工作程序，构建了问题"认定—整治—验收—销号"工作闭环，实现了"四乱"问题精准认定、立行立改、严格核销全过程规范化管理。

河湖"四乱"问题有其特殊性、顽固性。为了巩固"清四乱"取得的成效，持续推进河湖治理保护工作，2019年以来，水利部先后印发了《河湖管理监督检查办法（试行）》（水河湖〔2019〕421号）、《关于深入推进河湖"清四乱"常态化规范化的通知》（办河湖〔2020〕35号）、《关于进一步加强河湖管理范围内建设项目管理的通知》（办河湖〔2020〕177号）等文件，提出"落实属地责任、深入自查自纠、确保立行立改、不断规范管理、加强监督检查"等要求，深入推进"清四乱"常态化、规范化。为全面准确掌握"四乱"问题，各地深入开展自查自纠，综合运用实地核查、日常巡查、遥感监测、群众举报等多种手段，全覆盖、拉网式开展排查，确保做到排查不忽视任何一个环节，不漏掉任何一个问题，不放过任何一个隐患。例如，湖南省通过市县自查、省级抽查，并结合卫星遥感等技术手段深入比对排查，确保应查尽查、不留死角。对领导批示件、省级卫星遥感核查问题、市县自查问题、暗访督查发现问题以及群众举报问题等，建立全面的问题台账，实行清单化管理，逐项明确类型、内容、位置、河湖长责任人、整改进展等信息。

水利部持续跟踪指导推进河湖"清四乱"工作。2024年2月，水利部印发了《关于纵深推进河湖库"清四乱"常态化规范化的通知》（水河湖〔2024〕36号），指出要将河湖库"清四乱"作为贯彻落实习近平总书记关于治水的重要论述精神的重大政治任务，作为落实河湖长制的重要举措，作为体现"两个维护"的具体行动，坚持问题导向、坚持底线思维、坚持预防为主，以妨碍河道行洪、侵占水库库容为重点，全面排查整治河湖库管理范围内违法违规问题，推进河湖库"清四乱"工作向纵深发展。在持续高位推动、持续清理整治、动态清零销号、强化维护管护等"组合拳"的作用下，长期困扰河湖库的"四乱"问题得到有效根治。根据统计，截至2024年6月，累计清理整治"四乱"问题24万余个，沿河湖乱堆乱放、乱建乱占等违法违规行为得到遏制，河湖行蓄洪能力得到提高，水质逐步向好，河湖面貌显著改观。

四、复苏河湖生态环境

2021年，水利部作出推动水利高质量发展的战略部署，将"复苏河湖生态环境"作为推动新阶段水利高质量发展的实施路径之一，要求加强河湖生态保护治理，加快地下水超采综合治理，科学推进水土流失综合治理，维护河湖健康生命，实现河湖功能永续利用，实现人水和谐共生。同年印发《关于复苏河湖生态环境的指导意见》和《"十四五"时期复苏河湖生态环境实施方案》,明确了复苏河湖生态环境的主要目标、各项任务措施、责任单位和完成时限。

2022年7月,水利部印发《母亲河复苏行动方案(2022—2025年)》,聚焦河道断流、湖泊萎缩干涸问题,全面部署开展母亲河复苏行动。2023年3月,《母亲河复苏行动河湖名单(2022—2025年)》印发,全国层面选择88条(个)母亲河(湖)开展修复工作,包括79条河流、9个湖泊。通过实施"一河一策""一湖一策",采取生态补水、优化水资源调度、开展综合治理等措施进行保护修复。截至2024年6月,88条(个)母亲河(湖)中,已有56条河流实现了一次或多次全线贯通,其他河流复苏工作也取得了积极进展,9个湖泊的生态水位保障率达到100%,或完成生态补水目标。断流26年的永定河连续4年全线复流;断流100年的京杭大运河连续3年实现了全线贯通;向黄河三角洲实施生态补水2.09亿m^3,向乌梁素海实施生态补水4.87亿m^3,有力地保障了黄河流域生态安全。

生态流量是衡量河湖生态用水保障程度的一个重要指标。从2020年开始,水利部先后组织制定了171条跨省重要河流的生态流量保障目标、546条省内河湖生态流量保障目标,并落实了监管措施和保障措施。目前,全国跨省重要江河生态流量保障体系全面建立,河湖生态用水保障程度得到了大幅提高,据监测河流生态流量目标保障率稳定达到90%以上。黄河实现了25年连续不断流,黑河的尾闾东居延海实现了连续20年不干涸。

五、推进幸福河湖建设

2019年9月18日,在黄河流域生态保护和高质量发展座谈会上,习近平总书记发出了"让黄河成为造福人民的幸福河"的伟大号召,为黄河治理保护指明了方向,也为新时期全国河湖治理保护指明了方向。2021年10月22日,习近平总书记在深入推动黄河流域生态保护和高质量发展座谈会上强调"为黄河永远造福中华民族而不懈奋斗。"

2022年以来,水利部会同财政部连续三年选取典型省份支持62个幸福河湖建设项目。2024年，水利部印发幸福河湖建设项目实施意见、幸福河湖建设项目负面清单指南、幸福河湖建设成效评估指标体系，加强组织指导和跟踪评估。各地通过实施系统治理和综合治理，按照"防洪保安全、优质水资源、健康水生态、宜居水环境、先进水文化"的目标，打造人民群众满意的幸福河湖。

从流域层面看，水利部淮河水利委员会与河南、湖北、安徽、江苏、山东等五省河长办沟通协商，连续3年共同选定70个基础条件好、具有典型性的河湖开展淮河流域幸福河湖建设，进一步深化了对幸福河湖的认识，突出重点河段（湖片）、整条河（湖）、流域委直管河湖3种建设类型，深入探索、优化幸福河湖建设方式及内容。2022年7月，长江流域省级河湖长第一次联席会议发布了"携手共建幸福长江"倡议书。黄河流域省级河湖长联席会议发布"西宁宣言"，强调共同抓好大保护、协同推进大治理、联手建设幸福河。2022年9月，珠江流域省级河湖长联席会议要求，以机制创新为切入点，深入推进河湖长制3.0版本，以造福人民为出发点，加快建设幸福河湖。2022年12月，海河流域省级河湖长联席会议要求坚持以人民为中心的发展思想，共同守护幸福安全河湖。

从地方层面看，各省（自治区、直辖市）高度重视幸福河湖建设，全国各省积极探索开展幸福河湖建设工作，河北、辽宁、黑龙江等十几个省份省级总河长签发总河长令部署全面建设幸福河湖工作，黑龙江等地印发建设幸福河湖的指导意见，山西、安徽、浙江、湖南、海南、重庆、贵州、西藏、甘肃、新疆等地印发建设方案、导则、评价办法等。截至2024年6月，各地累计完成3200多条幸福河湖建设，河湖保护治理取得明显成效，群众获得感、幸福感、安全感显著提升。

第四章 河湖管理保护基础工作

河湖管理保护涉及面广,做好基础性、技术性工作十分重要。2010年1月,国务院下发《关于开展第一次全国水利普查的通知》,水利部组织对全国流域面积 $50km^2$ 及以上的河流和常年水面面积 $1km^2$ 及以上的湖泊进行了摸底调查,夯实了河湖管理保护和科研工作的基础。全面推行河湖长制以来,水利部组织各地全面开展河湖管理范围划定、"一河(湖)一策"编制、河湖健康评价以及河湖档案与信息化建设等方面工作,进一步筑牢了河湖管理保护的基础。

第一节 河湖管理范围划定

一、河湖管理范围划定依据

河湖管理范围是河湖管理保护的边界线,是各级政府及相关行政主管部门依法依规对河湖行使管理保护权限的适用范围,是依法依规保护河湖、加强涉河建设项目管理的基础。依法划定河湖管理范围,明确河湖管理边界线,是加强河湖管理的基础性工作,是《中华人民共和国水法》《中华人民共和国防洪法》《中华人民共和国河道管理条例》等法律法规的明确规定,是中央全面推行河湖长制明确的任务要求。

《中华人民共和国河道管理条例》第20条规定,有堤防的河道,其管理范围为两岸堤防之间的水域、沙洲、滩地(包括可耕地)、行洪区,两岸堤防及护堤地;无堤防的河道,其管理范围根据历史最高洪水位或者设计洪水位确定;河道的具体管理范围,由县级以上地方人民政府负责划定。《中华人民共和国防洪法》第21条规定,有堤防的河道、湖泊,其管理范围为两岸堤防之间的水域、沙洲、滩地、行洪区和堤防及护堤地;无堤防的河道、湖泊,其管理范围为历史最高洪水位或者设计洪水位之间的水域、沙洲、滩地和行洪区。本条还规定，流域管理机构直接管理的河道、湖泊管理范围，由流域管理机构会同有关县级以上地方人民政府依照前款规定界定；其他河道、湖泊管理范围，由有关县级以上地方人民政府依照前款规定界定。

图 4-1 为有堤防河道管理范围划分示意图，河道管理范围外缘线与堤防工程管理外缘线重合。图 4-2 为无堤防河道管理范围划分示意图，河道管理范围外缘线根据有关技术规范和水文资料核定历史最高洪水位或设计洪水位确定。

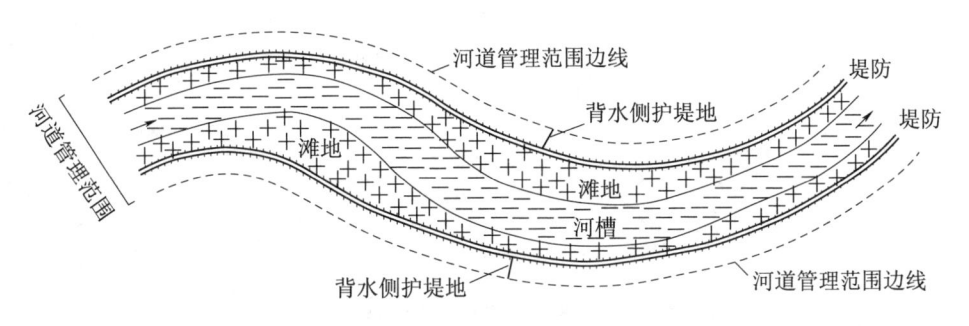

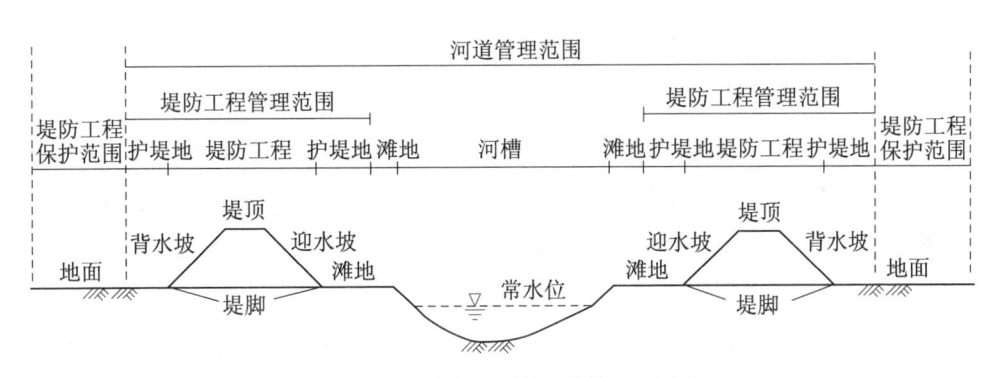

图 4-1 有堤防的河道管理范围

二、河湖管理范围划定要求

根据法律法规，由县级以上地方人民政府负责划定河湖管理范围，省、市、县级按照河湖管理权限和属地管理职责要求，分级开展河湖管理范围划定工作。在实际操作中，主要由县级以上地方水行政主管部门商请相关部门开展具体划定工作。流域管理机构直接管理的河湖管理范

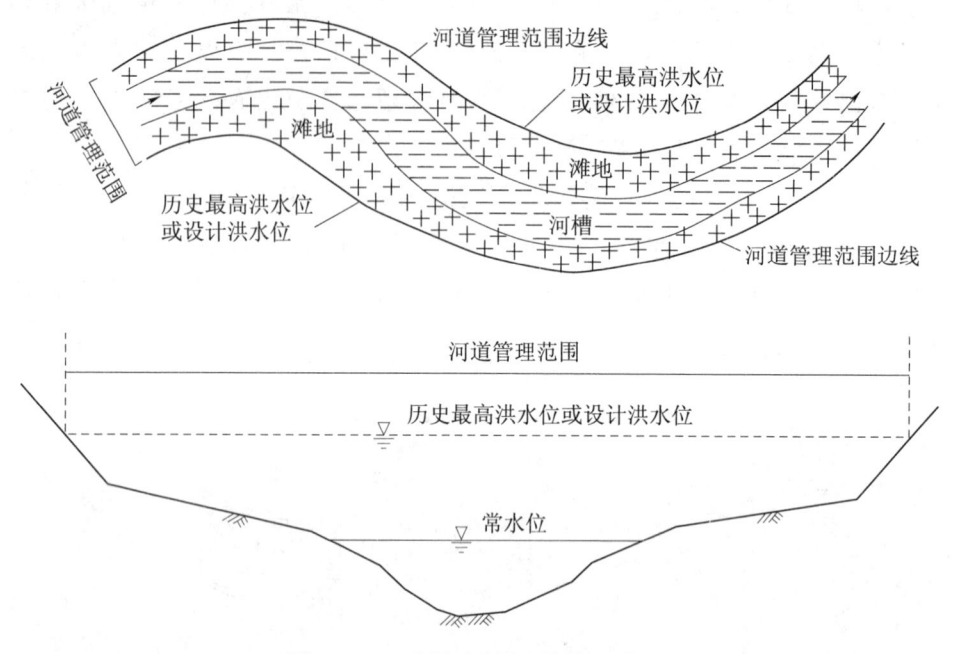

图 4-2 无堤防的河道管理范围

围,由流域管理机构会同有关县级以上地方人民政府划定。

(一)主要技术要求

有堤防的河湖背水侧护堤地宽度,根据《堤防工程设计规范》(GB 50286—2013)规定,按照堤防工程级别确定,1级堤防护堤地宽度为30～20m,2、3级堤防为20～10m,4、5级堤防为10～5m,大江大河重要堤防、城市防洪堤、重点险工险段的背水侧护堤地宽度可根据具体情况调整确定。无堤防的河湖,要根据有关技术规范和水文资料核定历史最高洪水位或设计洪水位。

划定的河湖管理范围,要明确具体坐标,并统一采用2000国家大地坐标系。河湖管理范围划定可根据河湖功能因地制宜确定,但不得小于法律法规和技术规范规定的范围,并与生态红线划定、自然保护区划定等做好衔接,突出保护要求。在实际划定中,一些省份结合本区域实际情况,以上述技术要求为依据,出台本区域河湖管理划定技术指南或技术标准等。

（二）公告与管理

河湖管理范围，由县级以上地方人民政府通过通知公告、网站、电视、报纸、手机短信、微信公众号等多种形式向社会公告。各地可在河湖显著位置设立公告牌，或在已有的河长公示牌上标注河湖管理范围信息，有条件的地区可埋设界桩。河湖管理范围坐标要逐一标注在第一次全国水利普查"水利一张图"上，并充分应用到河湖长制管理、河湖水域岸线空间管控、河湖监管执法及"清四乱"专项行动等工作中，为加强河湖管理提供信息化技术支撑。同时，地方各级水行政主管部门要加强与相关部门的沟通协调，实现河湖管理范围数据与国土"一张图"数据共享。

（三）与其他划界关系

1. 与水域岸线范围的关系

根据 2019 年水利部印发的《河湖岸线保护与利用规划编制指南（试行）》，河湖岸线是指河流两侧、湖泊周边一定范围内水陆相交的带状区域，带状区域由临水边界线和外缘边界线组成。对于有堤防的河段，外缘边界线可采用已划定的堤防工程管理范围的外缘线（即背水侧护堤地边线）。对于无堤防的河湖，将已核定的历史最高洪水位或设计洪水位与岸边的交界线作为外缘边界线。由此可见，对于有堤防的河段，河湖管理范围线、堤防背水侧管理范围线、岸线外缘边界线可实现"三线合一"。对于无堤防的河湖，河湖管理范围线、岸线外缘边界线可实现"两线合一"。

2. 与水利工程管理与保护范围的关系

2014 年水利部印发《关于开展河湖管理范围和水利工程管理与保护范围划定工作的通知》（水建管〔2014〕285 号），明确了河湖管理范围和水利工程管理与保护范围划定的总体要求、目标任务、基本原则、工作安排和工作要求。2021 年水利部印发《关于切实做好水利工程管理与保护范围划定工作的通知》（水运管〔2021〕164 号），要求"十四五"期间全面完成水利行业管理的水库、水闸和堤防等国有水利工程管理与保护范围划定工作。

河湖管理范围划定和水利工程管理与保护范围划定关系密切。堤防工程管理范围，包括堤身及防渗导渗工程，堤防临水、背水侧护堤地，穿堤、跨堤交叉建筑物，监测、交通、通信等附属工程设施，护岸工程，管理单位生产、生活区等工程和设施的建筑场地和管理用地。对于有堤防的河道管理范围，为两岸堤防之间的水域、沙洲、滩地、行洪区、两岸堤防及护堤地。两者之间主要在堤防和护堤地交叉重叠，由于堤防迎水侧的护堤地本身就位于河道滩地上，因此河湖管理范围划定重点关注背水侧护堤地宽度。堤防工程保护范围，自背水侧紧临护堤地边界线，按照堤防工程级别确定，1级堤防保护范围为300~200m，2、3级堤防保护范围为200~100m，4、5级堤防保护范围为100~50m。

我国修建的水库大多是河道型水库，水库也是河道的组成部分。由于依据的法律法规和规程规范不同，水库管理范围和库区河道管理范围的定义不同。目前许多地方为简化起见，库区的河道管理范围直接采用水库库区管理范围。

三、河湖管理范围划定进展

划定河湖管理范围是依法依规保护河湖的基础。1988年出台的《中华人民共和国河道管理条例》以及1997年颁布的《中华人民共和国防洪法》均明确要求划定河道（河湖）管理范围。2014年，水利部印发《关于加强河湖管理工作的指导意见》（水建管〔2014〕76号）、《关于开展河湖管理范围和水利工程管理与保护范围划定工作的通知》（水建管〔2014〕285号），明确要求开展河湖管理范围划界等工作。2016年以来，中共中央办公厅、国务院办公厅先后印发《关于全面推行河长制的意见》《关于在湖泊实施湖长制的指导意见》，明确将依法划定河湖管理范围作为全面推行河湖长制的主要任务。2018年，水利部印发《关于加快推进河湖管理范围划定工作的通知》，要求2020年底前，基本完成全国河湖管理范围划定工作。

按照水利部工作部署，省、市、县级按照河湖管理权限和属地管理职责要求，分级开展河湖管理范围划定工作。省级负责统一部署和组织本行政区域河湖管理范围划定工作，不同省份结合本地实际，出台了划定技术标准、印发了技术要求或指南或制定了具体的工作方案。各省份出台的文件主要从划界标准与要求、工作流程与内容、划界成果及验收等方面，对本行政区内河湖管理范围划定工作进行了规范，同时明确了工作目标、责任分工及进度等要求。在河湖管理范围划定工作过程中，各级河长制办公室充分发挥综合协调职责，积极推进河湖管理范围划定工作。一方面，通过提请省、市、县级总河长予以安排部署，协调解决经费落实、部门合作等问题；另一方面，提请河湖最高层级河湖长主动抓总负责所管辖河湖的管理范围划定工作，积极提请、督促相关河湖长履职尽责。

截至 2020 年年底，第一次全国水利普查名录内的河湖管理范围划界工作基本完成，首次明确 120 万 km 的河流和 1955 个湖泊的管控边界。同时，水利部和各地还利用"水利一张图"及河湖遥感本底数据库，加快推进划界成果矢量化。2023 年，水利部办公厅《关于加强山区河道管理的通知》（办河湖〔2023〕140 号），明确要求各地梳理山洪灾害防治区内流域面积小于 $200km^2$ 的河流，建立河道名录，省级水行政主管部门组织推进名录内河道管理范围划定工作。目前，河湖管理范围划定成果在河湖管理保护中已经得到广泛应用：在河湖"清四乱"常态化过程中，水利部将划界成果用于河湖"清四乱"暗访工作，对河道管理范围内的疑似"四乱"问题的判定起了重要作用；在各地涉河建设项目审批、河湖监管执法中，作为河湖管护的边界线，用作判定涉河建设项目是否违反河湖管理的重要指标以及执法的依据；部分地方将划界成果作为岸线保护与利用规划、水利空间规划的基础指标，纳入国土空间规划、土地利用总体规划、城乡总体规划和生态红线规划管理等工作中。

四、典型省份划定情况

广东省河湖众多，全省有大小河流 2.4 万条，河流总长度达 10.3 万 km，常年水面面积 $1km^2$ 以上的湖泊有 148 个。水利部部署河湖管理范围划定工作后，广东省大力推进，制定了全省划界技术标准，做好划定成果与自然资源部门空间规划的对接，积极推动划定成果纳入"多规合一"管理体系中。

广东省第十三届人民代表大会常务委员会通过《广东省河道管理条

例》，于 2020 年 1 月 1 日起正式施行，明确河道管理范围划定要求。此外，还针对广东省河湖实际情况，增加了江心洲划定的规定。第 14 条规定"有堤防的江心洲，堤防、护堤地及堤防迎水侧以外滩地属于河道管理范围；无堤防的江心洲，历史最高洪水位所淹没范围属于河道管理范围"，并规定"县级以上人民政府水行政主管部门会同同级人民政府有关部门拟定河道的管理范围，报本级人民政府批准后公布。需要调整河道管理范围的，应当经原批准机关批准后公布"。

河道管理范围划定具有很强的技术性。广东省为此制定颁布了地方标准《河道管理范围划定技术规范》(DB44/T 2398—2022)，明确各项技术要求。主要包括：①有堤防的河道，其管理范围为两岸堤防之间的水域、沙洲、滩地、行洪区以及堤防和护堤地；有堤防的江心洲，其管理范围为堤防、护堤地及堤防迎水侧以外范围。②背水侧护堤地范围，东江、西江、北江、韩江干流的堤防和捍卫重要城镇或 5 万亩以上农田的其他江海堤防，从背水侧堤脚线起算 30～50m；保护 1 万～5 万亩农田的堤防，从背水侧堤脚线起算 20～30m；其他堤防的背水侧护堤地范围，由县或乡镇人民政府参照上述标准和《堤防工程设计规范》(GB 50286—2013) 的有关要求划定；城市规划区内的堤防背水侧护堤地范围，由县级以上人民政府水行政主管部门会同自然资源、规划等有关部门根据实际情况划定。③无堤防的河道，其管理范围为两岸历史最高洪水位或者设计洪水位范围之间的水域、沙洲、滩地和行洪区；无堤防的江心洲，其管理范围为历史最高洪水位所淹没范围。设计洪水位应当根据河道防洪规划或者国家防洪标准规定的城市防护区、乡村防护区的防护等级拟定。④湖泊管理范围为湖泊设计洪水位以下的区域，包括湖泊水体、湖盆、湖洲、湖滩、湖心岛屿、湖水出入口，以及湖水出入的涵闸、泵站等工程设施及其管理范围。湖泊岸线带已建设堤防的，应在河道堤防的有关规定基础上划定湖泊管理范围。

此外，根据实际工作需要，广东省还制定出台了系列技术指引，包括《广东省河湖管理范围划定工作技术指引要点及释义》《广东省河湖管理范围划定上报成果技术要求》《广东省河湖管理范围划定实施方案编制大纲》《广东省河湖管理范围划定技术报告编制大纲》《广东省河湖管理范围划定现场检查规定》《广东省河湖管理范围划定界桩设计、施工方案编制大纲》《广东省河湖管理范围划定成果验收指引》等。

广东省河湖管理范围划定工作的流程为：市（县）水利（水务）局组织技术单位划定成果→市（县）人民政府公告成果→市（县）水利（水务）局通过广东河湖划界成果上报与审核系统上传划界成果→省级审定。省水利厅审定划界成果后，按照规定的格式整理数据，发送水利部信息中心进行备案。同时，开发了广东省河湖划界成果上报与审核系统，开展全省河湖管理范围划定成果数据规范性检查与汇集、河湖划界成果空间信息数据集设计整编与维护工作，完成水利部要求的划界成果信息化管理要求。

为推进工作的高质量完成，广东省水利厅把河湖管理范围划定作为履行河长职责的一项重点工作进行部署落实，把河湖管理范围划定工作"水利一张图"完成率作为 2019 年和 2020 年督查考核的重点，对划定工作滞后的地区，采取下发督办单、约谈、通报等措施，有力推进了工作落实。第一次全国水利普查数据中，广东省流域面积 $50km^2$ 以上的河流共 1211 条 3.6 万 km，水面面积 $1km^2$ 以上的湖泊 7 个。2021 年底，广东省第一次全国水利普查名录内流域面积 $50km^2$ 以上的河流、水面面积 $1km^2$ 以上的湖泊的管理范围划定任务已经全部完成。其中，划定并公告河流 1208 条（流域面积 $1000km^2$ 以上的河流 60 条、流域面积 $50\sim1000km^2$ 的河流 1148 条）39646km，划定并公告湖泊 7 个。2023 年年底，在复核完善全省流域面积 $50km^2$ 以上河湖的管理范围划定成果的同时，完成 $50km^2$ 以下河道共 5.5 万 km 管理范围划定，基本实现全省河湖管理范围划定全覆盖。

第二节 "一河（湖）一策"编制

编制实施"一河（湖）一策"，是因河施策、推进河湖综合治理和精准化管理的重要手段，是各级河湖长部署、调度、考核责任河湖治理保护工作落实情况的重要依据，是全面推行河湖长制一项重要任务。按照中央全面推行河湖长制工作部署，各地组织编制实施一河一策、一湖一策。2023年，全国滚动编制实施"一河（湖）一策"方案7万余个，针对不同河湖的独特情况制定个性化的政策和措施，实现对河湖资源的合理开发和保护。

一、"一河（湖）一策"编制相关要求

2017年9月，水利部办公厅印发《"一河（湖）一策"方案编制指南（试行）》，指导各地"一河（湖）一策"方案编制工作。

（一）编制对象

"一河一策"方案以整条河流或河段为单元编制，"一湖一策"原则上以整个湖泊为单元编制。支流"一河一策"方案要与干流方案衔接，河段"一河一策"方案要与整条河流方案衔接，入湖河流"一河一策"方案要与湖泊方案衔接。

（二）编制主体

"一河（湖）一策"方案由省、市、县级河长制办公室负责组织编制。最高层级河长为省级领导的河湖，由省级河长制办公室负责组织编制；最高层级河长为市级领导的河湖，由市级河长制办公室负责组织编制；最高层级河长为县级及以下领导的河湖，由县级河长制办公室负责组织编制。其中，河长最高层级为乡级的河湖，可根据实际情况采取打捆、片区组合等方式编制。"一河（湖）一策"方案可采取自上而下、自下而上、上下结合方式进行编制，上级河长确定的目标任务要分级分段分解至下级河长。

（三）编制原则

坚持问题导向："一河（湖）一策"方案编制要针对河湖存在的突出问题，解决影响河湖健康生命的关键瓶颈，回应人民群众的重点关切。坚持规范协调：与流域、区域、河湖及河段规划成果相协调，涉及跨省级行政区河湖省界断面的主要指标，应符合流域综合规划、水功能区划等相关规定。坚持分级管理：各级河湖长牵头，组织相关部门编制"一河（湖）一策"方案，同级河长制办公室应协助河长加强对编制工作的指导与监督；上级河长应重点指导、协调跨行政区河湖及下一级支流的

重要河湖"一河（湖）一策"编制工作。

（四）主要内容

"一河（湖）一策"方案应包括综合说明、现状分析与存在问题、管理保护目标、管理保护任务、管理保护措施、保障措施等方面。综合说明，需提供方案编制依据、编制对象、编制主体、实施周期及河长组织体系。管理保护现状与存在问题，包括概况、管理保护现状和存在问题分析；其中管理保护现状根据河湖实际情况，应包括水资源、水域岸线、水环境、水生态等方面保护和开发利用现状，概述河湖管理保护体制机制、河湖管理主体等情况；存在问题分析需针对水资源保护、水域岸线管理保护、水污染、水环境、水生态存在的主要问题，分析问题产生的主要原因，提出问题清单。管理保护目标，需针对河湖存在的主要问题，依据国家相关规划，结合本地实际和可能达到的预期效果，合理提出"一河（湖）一策"方案实施周期内河湖管理保护的总体目标和年度目标清单。管理保护任务和保护措施，针对河湖管理保护存在的主要问题和实施周期内的管理保护目标，因地制宜提出"一河（湖）一策"方案的管理保护任务，制定任务清单、措施清单和责任清单；一般包括水资源保护、水域岸线管理保护、水污染防治、水环境治理、水生态修复、执法监管等方面的任务和措施。保障措施，根据河湖具体情况，涉及组织保障、制度保障、经费保障、队伍保障、机制保障、监督保障等。

"一河（湖）一策"方案，需重点制定好问题清单、目标清单、任务清单、措施清单和责任清单（表4-1），确保河湖治理保护各项措施按照时间节点落地见效。

表4-1　　　　　"一河（湖）一策"方案清单内容

序号	清单	主要内容
1	问题清单	针对水资源、水域岸线、水污染、水环境和水生态等领域，梳理河湖管理保护存在的突出问题及其原因，提出问题清单
2	目标清单	根据问题清单，结合河湖特点和功能定位，合理确定实施周期内可预期、可实现的河湖管理保护目标
3	任务清单	根据目标清单，因地制宜提出河湖管理保护的具体任务

续表

序号	清单	主要内容
4	措施清单	根据目标任务清单，细化分阶段实施计划，明确时间节点，提出具有针对性、可操作性的河湖管理保护措施
5	责任清单	明晰责任分工，将目标任务落实到责任单位和责任人

（五）方案审定

"一河（湖）一策"方案由河长制办公室报同级河长审定后实施。省级河长制办公室组织编制的"一河（湖）一策"方案应征求流域机构意见。对于市、县级河长制办公室组织编制的"一河（湖）一策"方案，若河湖涉及其他行政区的，应先报共同的上一级河长制办公室审核，统筹协调上下游、左右岸、干支流目标任务。"一河（湖）一策"方案实施周期原则上为2～3年。河长最高层级为省级、市级的河湖，方案实施周期一般3年；河长最高层级为县级、乡级的河湖，方案实施周期一般2年。

二、"一河（湖）一策"编制典型案例

以湖北省汈汊湖"一湖一策"（2021—2025年）为例，说明"一河（湖）一策"方案编制的具体要求。

（一）汈汊湖概况

汈汊湖位于江汉平原东部，东距武汉市63km，北距孝感市区59km，湖区位于汉川市。汈汊湖由东、南、西、北4条干渠所环抱，形成人工控制的封闭型湖泊，呈现为东西长16.1km、南北宽5.5km的日字形，是湖北省五大湖泊之一。湖中筑有南北向分隔堤（三支渠），将汈汊湖分为东西两大片：西片48.7km^{2}为调蓄区（湖北省汈汊湖保护名录面积）；东片38km^{2}为备蓄区。

（二）管理保护现状

1. 水资源保护利用现状

汈汊湖流域自产水量有限，但汉北河绕北境而过、汉江沿南境流过，客水资源非常丰富。汈汊湖流域自产水量年均7.484亿 m^3，径流深约326mm。其中汈汊湖调蓄区和备蓄区自产水量年均约0.335亿 m^3。汈汊

湖为人工控制的封闭湖泊，湖区无取水口。周边主要河流上有 55 处农业取水口，用于灌溉沿河两岸的农田，总灌溉面积 30.05 万亩。

2. 水域岸线管理保护利用现状

根据《湖北省汈汊湖保护规划》，汈汊湖按照 20 年一遇设计洪水位 26.0m（吴淞高程）划定湖泊保护区和湖泊控制区。2018—2020 年期间，孝感市及汉川市河长办先后印发清流行动、示范建设行动等工作方案，部署开展解决河湖"四乱"问题的专项行动。汈汊湖共排查出"四乱"问题 14 处，已全部销号。

3. 水污染防治现状

2021 年对湖区周边干渠排口全面综合核查，上溯污水来源，确定排污口 76 个，污染来源以农业面源和生活污染为主。汉川境内汈汊湖流域上游分布有 4 家企业，生产废污水经过企业污水处理厂处理后排放至南支河、四清渠、幸福渠等，湖区外围农业面源污染主要为农业种植污染。

4. 水环境保护现状

汈汊湖流域共设置 4 个水质监测断面，其中在汈汊湖保护范围内设置湖心、老屋台 2 个水质监测断面。根据 2018—2021 年孝感市地表水考核断面情况通报，2018 年汈汊湖水质为Ⅲ类，2019—2021 年，水质为Ⅳ类，富营养化程度控制在中营养状态。

5. 水生态保护现状

汈汊湖最低生态水位为 23.50m。根据五房台水文监测数据，2018—2020 年汈汊湖平均水位分别为 23.54m、23.46m 和 23.97m，满足程度为 66.7%，年最低水位分别为 23.29m、22.68m 和 22.84m。2014 年国家林业局批准建立汈汊湖国家湿地公园，规划建设总期限 8 年，总投资 15586.11 万元。

6. 水安全保障现状

汈汊湖作为省管湖泊，按照分级分工编制的原则，由湖北省组织编制了超标洪水防御预案，汈汊湖北、南、东泄洪闸完成了拆除重建，投入资金 1.23 亿元，加固整治汈汊湖湖堤（外围）64km，将汈汊湖防洪标准提高到 20～30 年一遇。

（三）存在的主要问题

水资源保护方面，根据各地市分解到县市区的最严格水资源管理"三条红线"控制指标和2020年水资源公报，存在农业、工业、城乡生活用水效率不高的问题，在节水方面存在较大的潜力。水域岸线管理保护方面，汈汊湖河道水域岸线空间管控的相关制度有待完善，汈汊湖保护区内，修建有房屋等违章建筑。水污染防治方面，四大干渠入河排污口未完成整治，还有一些重点工业企业排污治理任务未完成，周边农业种植污染问题仍然存在，畜禽养殖污染治理力度有待加强，突发水环境污染风险应急水平有待提高。水环境治理方面，湖泊底泥淤积，水环境状况需要改善，人工封闭型湖泊造成汈汊湖水体交换弱，内源污染导致水质不达标。水生态修复方面，调蓄区水生态系统结构不合理，最低生态水位保障率低。水安全保障方面，上游河流防洪能力普遍下降，重点民堤有待加固，防洪排涝调度方案有待进一步完善。

（四）管理保护目标

到2025年，湖泊营养化趋势得到有效控制，确保水功能区达到Ⅲ类水质要求。通过湿地公园建设，形成结构完整、功能协调的汈汊湖湿地生态系统，最大限度发挥湖泊的洪水调蓄、生物栖息、旅游观光等功能。建立健全湖泊管理保护机制，完善监测体系，实现湖泊健康。

（五）主要任务

1. 水资源保护方面

加强取水管理，严控用水总量控制，开展规模以上取水口核查，完善重点监控用水单位管理体系。开展汈汊湖主要入湖河流规模以上取水口核查，对设计取水流量大于 $1m^3/s$ 的取水口，纳入重点监控用水单位名录，完善县级重点监控用水单位名录。持续推进各行业节水，提高用水效率。

2. 水域岸线管理保护方面

根据汈汊湖划定的保护区和控制区，分区明确管理制度措施，完善汈汊湖空间分区管控制度，严格分区管理，落实部门责任。对汈汊湖现有水域岸线范围的违章建筑（包括违建住房）依法依规、分类处置。强化日常巡查，做到"四乱"问题早发现、早制止、早报告。

3. 水污染防治方面

对照《汉川市汈汊湖入湖排污口"一口一策"整治清单》，整治汈汊湖四大干渠排污口。整治重点排污企业，对超标排放和污水处理设施运行不正常的，依法给予高限处罚，对责令限期改正，逾期未完成的依法整治。持续开展化肥农药减量化行动，强化畜禽养殖污染治理，对南干渠、分水主渠迎水面（西岸）的畜禽废弃物进行清理。根据《汈汊湖清淤及综合治理实施方案》，开展汈汊湖底泥清淤。

4. 水环境治理方面

强化水质异常响应能力，持续实施水质自动监测异常数据通报、预警制度。完善农村生活垃圾无害化处理体系，推动新建和改建农户无害化厕所工作，2023年实现汈汊湖流域内乡村厕所粪污资源化利用全覆盖。开展汈汊湖周边中小河流整治工程，主要采取控源截污、河道清理、堤防加培、边坡整治、草皮护坡等措施，综合整治韩集乡的2条黑臭水体，改善水环境，实现河面无漂浮物，河岸无垃圾，无违法排污口。

5. 水生态修复方面

编制完成汈汊湖生态水位保障方案，对水资源进行合理化调度。种植湘莲、芦苇、菰等挺水植物，微齿眼子菜等沉水植被，促进湖区氮、磷的输出，净化水体，推进水生生境保护与修复，保护修复湖滨缓冲带。在汈汊湖东干渠东侧修建5.5km滨湖绿化带，形成城市滨水绿化生态公园，建设亲水平台、亲水栈道1.2km，建设游步道9.3km、巡护步道12.1km、三支渠复线公路5.5km，维护汈汊湖现有环湖公路42.5km。

6. 水安全保障方面

整治南支河、北支河岸线堤段，提高汈汊湖流域内垸防洪能力，加大南支河、北支河河道疏浚力度，保持河道畅通；进一步加固汈汊湖流域重点民堤，对堤防加固工程科学规划。完善汈汊湖防洪排涝调度、分水泵站排田区调度、南喻渠防洪排涝调度等洪涝灾害应急方案，制定紧急措施。汈汊湖湿地公园建（构）筑物规划设计时必须考虑防洪调蓄安全，满足防洪要求。

(六) 保障措施

1. 组织保障

严格落实各级河湖长责任，完善以省级湖长牵头负责，市、县、乡、村级湖长逐级落实的组织领导体系，统领汈汊湖"一湖一策"方案实施推进。各级河长办要加强组织协调督促各相关部门、单位按照职责分工，各司其职、各负其责，依法落实各项管理保护任务。

2. 经费保障

根据实施方案的主要任务和措施，由市、县及河长办组织各责任部门估算各自经费需求，计划筹资渠道。各级财政要从发改、水利、生态环境、自然资源、农业农村等职能部门整合和统筹汈汊湖管理保护所需资金，落实管护经费，加强财政资金绩效管理。

3. 制度保障

省、市、县级河长办应从提升河湖管理保护效率、落实方案实施各项要求等方面出发，强化现有工作制度的落实和执行，进一步健全河湖长制信息共享与发布制度，定期通报汈汊湖管理保护情况，共享信息资源、监测成果等信息。进一步健全工作督察机制，上级湖长定期对下级湖长履职情况进行督察、督导。

4. 监督保障

加强同级党委政府督察督导、人大政协监督、上级河湖长对下级河湖长的指导监督、河湖长制专项督查通报，主动接受各民主党派、工商联、无党派人士监督。鼓励、引导民间环保组织有序参与监督，通过建立公众监督网络平台、聘请社会监督员、设立门户网站投诉信箱、投诉热线等方式，拓宽公众监督渠道，定期公开汈汊湖治理与保护信息。

第三节 河湖健康评价

河湖健康评价是河湖管理的重要内容，是检验河湖长制实效的重要手段。2020年，水利部印发了《河湖健康评价指南（试行）》，部署开展河湖健康评价工作。各地积极推进，建立了规范化、精准化、信息化的河湖健康档案，掌握河湖本底数据信息及河湖健康主要特征指标评价状况等，及时总结分析河湖健康存在的问题，科学制定河湖系统治理和保护的对策措施，为河湖管理保护提供科学依据和技术支撑。截至2024年6月，累计已完成9800多条（个）河湖健康评价，逐河逐湖建立健康档案，推动解决一大批影响河湖健康的突出问题。

一、河湖健康评价相关要求

根据《河湖健康评价指南（试行）》，健康河湖是指具有较完整的自然生态系统结构，能够满足人类社会可持续发展需求，且在一定的扰动条件下可自我修复或通过措施可恢复生态功能的河湖。《河湖健康评价指南（试行）》对河湖健康评价的组织、单元、指标、结果运用作了明确规定。评价单元方面，明确河流健康评价以整条河流作为评价单元，或以省、市、县、乡级河长所负责的河段作为评价单元。指标体系方面，基于生态系统结构完整性、生态系统抗扰动弹性、社会服务功能可持续性三个方面建立河湖健康评价指标体系与评价方法，从"盆""水"、生物、社会服务功能4个准则层对河湖健康状态进行评价。

（一）工作原则

河湖健康评价工作应遵循的原则包括：①科学性原则。评价指标设置合理，体现普适性与区域差异性，评价方法、程序正确，基础数据来源客观、真实，评价结果准确反映河湖健康状况。②实用性原则。评价指标体系符合我国的国情水情与河湖管理实际，评价成果能够帮助公众了解河湖真实健康状况，有效服务于河湖长制工作，为各级河湖长及相关主管部门履行河湖管理保护职责提供参考。③可操作性原则。评价所需基础数据应易获取、可监测。评价指标体系具有开放性，既可以对河湖健康进行综合评价，也可以对河湖"盆""水"、生物、社会服务功能或其中的指标进行单项评价；除必选指标外，各地可结合实际选择备选指标或自选指标。

（二）工作流程

河湖健康评价按图4-3所示工作流程进行，包括：①技术准备。开展资料、数据收集与踏勘，根据指南确定河湖健康评价指标，自选指标还应研究制定评价标准，提出评价指标专项调查监测方案与技术细则，形成河湖健康评价工作大纲。②调查监测。组织开展河湖健康评价调查与专项监测。③报告编制。系统整理调查与监测数据，根据指南对河湖健康评价指标进行计算赋分，评价河湖健康状况，编制河湖健康评价报告。

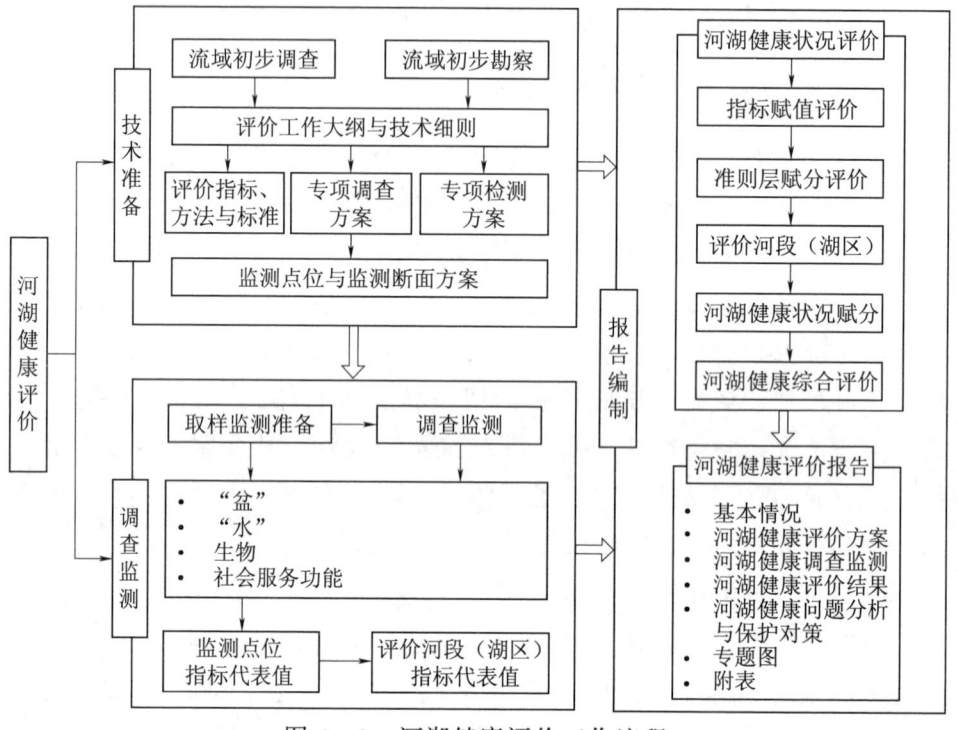

图4-3 河湖健康评价工作流程

（三）指标体系

根据《河湖健康评价指南（试行）》，河流健康评价指标体系采用目标层（河流健康状况）、准则层和指标层三级体系。准则层包括"盆""水"、生物、社会服务功能四个方面，指标层包括河流纵向连通指数、岸线自然状况等19项指标。河流健康评估指标体系见表4-2。

表4-2　　　　　　河流健康评价指标体系

目标层	准则层	河流指标层	指标选择
河流健康	"盆"	河流纵向连通指数	备选
		岸线自然状况	必选
		河岸带宽度指数	备选

续表

目标层	准则层		河流指标层	指标选择
河流健康	"盆"		违规开发利用水域岸线程度	必选
	"水"	水量	生态流量/水位满足程度	必选
			流量过程变异程度	备选
		水质	水质优劣程度	必选
			底泥污染状况	备选
			水体自净能力	必选
	生物		大型无脊椎动物生物完整性指数	备选
			鱼类保有指数	必选
			水鸟状况	备选
			水生植物群落状况	备选
	社会服务功能		防洪达标率	备选
			供水水量保证程度	备选
			河流集中式饮用水水源地水质达标率	备选
			岸线利用管理指数	备选
			通航保证率	备选
			公众满意度	必选

二、河湖健康评价典型案例

以宁夏典农河为例，评价其河流健康现状，分析导致河流健康出现问题的原因，掌握河湖健康变化的规律，提出针对性管理对策。

（一）典农河概况

典农河地处宁夏银川平原青铜峡河西灌区，是一条贯通灌区南北，集排外洪、内涝、农田灌溉退水的主要排水水道，于2008年基本完成水系贯通，南起永宁县新桥滞洪区出口，北至惠农区入黄河口，典农河河道总长180.5km，流域面积4391km^2，河湖水域面积40余 km^2。典农河流经银川、石嘴山2个市，其中银川市包括永宁县、西夏区、金凤区、兴庆区、贺兰县5个县（区），石嘴山市包括平罗县、惠农区2个县（区），共计7个县（区）。

（二）评价范围

典农河河湖健康状况评价工作范围覆盖典农河干流河道及其连通湖泊。根据典农河的实际情况，结合闸坝控制、水文站点的分布和支流的汇入情况划分评估河段，共设置评估河段5个。具体见表4-3。

表4-3　　　　　　　　评估河段设置情况

序号	评估河段		长度/km
	起始断面	终止断面	
1	新桥滞洪库	关湖	38
2	关湖	阅海闸上	43
3	阅海闸下	沙湖南运河段	27.5
4	沙湖南运河段	三二支沟入典农河处	32
5	三二支沟入典农河处	典农河入黄河口	40

（三）评价指标

结合典农河功能特点及其社会经济背景，遵循科学性、实用性、可操作性原则，确定典农河河流健康评价指标体系，见表4-4。

表4-4　　　　　　　典农河河流健康评价指标体系

目标层	准则层		河流指标层
河流健康	"盆"		岸线自然状况
			违规开发利用水域岸线程度
	"水"	水量	生态流量满足程度
		水质	水质优劣程度
			水体自净能力
	生物		鱼类保有指数
			水鸟状况
	社会服务功能		防洪达标率
			岸线利用管理指数
			公众满意度

(四) 评价结果

1. "盆"指标评估

根据岸线调查监测资料,对岸线自然状况和违规开发利用水域岸线程度指标进行赋分,根据"盆"准则层的各指标权重,计算"盆"准则层的分值为83分。

2. "水"指标评估

根据水文、水质监测资料,对生态流量满足程度、水质优劣程度和水体自净能力3项指标进行赋分,根据"水"准则层的各指标权重,计算"水"准则层的综合分值为76.19分。

3. 生物指标评估

根据鱼类、鸟类历史记录和实地调查数据,对鱼类保有指数和水鸟状况进行赋分,根据生物准则层的各指标权重,计算生物准则层综合评分为73.28分。

4. 社会服务功能指标评估

根据贺兰山防洪体系有关建设规划、《防洪标准》(GB 50201—1994)、宁夏典农河岸线保护与利用规划、河流健康调查问卷等文件和资料,对防洪达标率、岸线利用管理指数和公众满意度3项指标分别赋分,社会服务功能准则层综合赋分86.43分。

5. 河流健康综合评估

河流健康评估采用分级指标评分法,逐级加权,综合计算评分。前述多项指标集合逐级加权,河段1~5的赋分分别为80.71分、83.41分、81.52分、80.99分、74.00分,评分为80.04分,属于二类河流,河流状况健康。各准则层及指标层赋分见图4-4和图4-5。

(五) 有关建议

1. 完善流域防洪工程,提升水安全保障能力

按照《防洪标准》要求,加快推动贺兰山东麓相关防洪规划编制与实施,对沿河重点街镇、企业、防护工程、居民区进行洪水标准核实,明确防洪薄弱区域和环节,对未达到防洪标准的工程全面改造提升,包括加固导洪堤、加固拦洪坝、铺设防汛抢险道路等。加强典农河流域洪

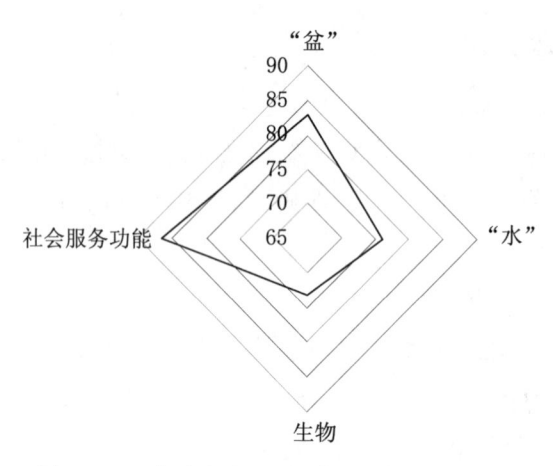

图 4-4　典农河河流健康准则层赋分示意

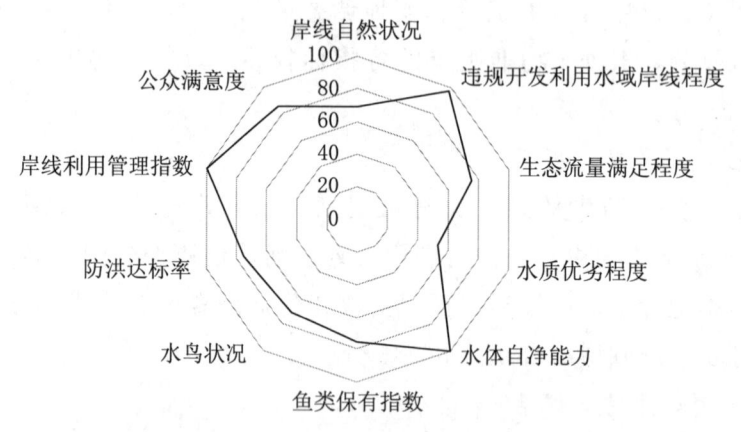

图 4-5　典农河河流健康指标层赋分示意

水监测，增设水文站，对已建成水文站进行提升改造，拓展视频监视、远程校核等功能。建立洪水监控预警平台，增强信息处理能力，提高防洪决策、指挥和抢险效率。

2. 落实水资源刚性约束制度，推动水资源高效利用

上段永宁段现状水资源开发利用程度适中，未来一定时期内通过水资源合理调配当地水资源需求和生态环境用水基本可以得到保障。中段银川市区和贺兰县未来水资源已基本无开发利用潜力，需要优化产业布局，新增用水需求要靠深度节水和科学调水保障。下段平罗县水资源禀赋条件相对较差，现状水资源开发利用过度，未来需要控制本区域水资

源开发利用强度,采取严控总量、深度节水、科学调水等综合措施实现"还水于河"。

3. 截污控污,改善水环境质量

加强排污口规范化管控,全面核查典农河流域入河排污口现状,建立入河排污口台账和统计制度,严格进行档案管理。加强农田退水污染治理,从源头上减少畜禽污染的产生量。淘汰落后产能工业,全面取缔不符合国家产业政策的企业或生产项目。全面完成已建城镇污水处理厂提标改造建设,在出水水质达到排放标准的同时,不断提高排放水质。

4. 修复水生态空间,推进水环境改善

结合典农河河湖水系连通工程,构建多水统筹、汇流通畅的水资源合理配置网,恢复典农河上下游正常汇流通路。严格落实银川市水资源配置与调配工程,结合典农河河湖水系连通工程,构建多水统筹、汇流通畅的水资源合理配置网。加强水体及滨水动植物资源的保护和恢复,逐步恢复完整生物链体系,加强渔业资源和水生生态养护,实行水生态平衡放养。

第四节 河湖档案与信息化建设

河湖档案与信息化建设是加强河湖管理的重要基础工作和技术手段,可为推动实现河湖数字化、信息化、智慧化监管和差异化考核提供有效的数据和信息支撑,在全面推行河湖长制、加强河湖管理保护中具有重要作用。

一、河湖档案建设

河湖档案是反映河湖自然特征、开发利用与管理保护情况及变化动态的各类信息数据集合,是动态了解和掌握河湖状况的最基础的数据文档信息资料。河湖档案的建立旨在通过记录和分析河湖的自然特征、开发利用情况、管理保护情况及其变化动态,为河湖的健康评价和管理提供基础数据支持。河湖档案不仅包括河湖的基本信息,如地理位置、流域面积、河道长度等,还涵盖了河湖的水质状况、污染情况、生态状况以及治理措施等方面的详细记录。通过建立河湖档案，可以系统地掌握河湖的健康状态，分析存在的问题，为制定针对性的管理保护措施提供依据，从而实现河湖资源的可持续利用和生态环境的保护。

（一）河湖档案建设基本要求

为加强河湖管理基础工作，2018年4月，水利部办公厅印发《"一河（湖）一档"建设指南（试行）》，用于指导设省级、市级、县级河（湖）长的河湖建立"一河（湖）一档"。

文件明确建档河湖范围：设省级、市级、县级河（湖）长的河湖建立"一河（湖）一档"，只设乡级河（湖）长的河湖的"一河（湖）一档"根据各地需要参照建立，可适当简化。同时明确，"一河一档"以整条河流或河段为单元建立，河段"一河一档"要与整条河流"一河一档"相衔接，"一湖一档"以整个湖泊为单元建立。建设指南中明确，"一河一档"由省、市、县级河长制办公室负责组织建立，最高层级河长为省级领导的河流（段），由省级河长制办公室负责组织建立；最高层级河长为市级领导的河流（段），由市级河长制办公室负责组织建立；最高层级河长为县级及以下领导的河流（段），由县级河长制办公室负责组织建立。在一省范围内的湖泊，"一湖一档"由最高层级湖长相应的河长制办公室负责组织建立。跨省级行政区域的湖泊，"一湖一档"由湖泊水域面积相对较大的省份牵头，协商相关省份组织建立，流域管理机构参与协调工作。

"一河（湖）一档"包括基础信息和动态信息。①基础信息。河流（段）基础信息主要包括河流（段）名称、河流（段）编码、上一级河流名称、上一级河流编码、所在水系、河流（段）起讫位置、河流（段）长度、代表站水文信息、河段支流数量、河段与行政区位置关系等。河长信息主要包括各级河长姓名、职务等。湖泊基础信息主要包括湖泊名称、湖泊编码、所在水系名称、所涉行政区、湖泊水域总面积、平均水深、主要入湖出湖河流名称及位置等。湖长信息主要包括各级湖长姓名、职务等。②动态信息。河流动态信息主要包括取用水信息、排污信息、水质信息、水生态信息、岸线开发利用信息、河道利用信息、涉水工程和设施信息等方面。湖泊动态信息包括取用水信息、排污信息、水质信息、水生态信息、水域岸线开发利用信息、涉水工程和设施信息等。

《"一河（湖）一档"建设指南（试行）》明确，"一河（湖）一档"各类信息的收集、整理以现有成果为基础，信息来源包括规划与普查、公报及统计数据、各级河长制办公室补充调查数据、相关系统接入数据、其他公开数据等。有关数据应注意保持动态更新。"一河（湖）一档"信息内容多，填报工作量大，按照"先易后难、先简后全"的原则分阶段建立。结合实际，可先完成"一河（湖）一档"基础信息，重点收集填报河流（段）湖泊自然属性、各级河长湖长基本信息、临河临湖与跨河跨湖涉水工程信息等，兼顾已有或易获取的动态信息；有条件的地区，可同步布置安排动态信息的收集整理与填报，逐步建立完整的"一河（湖）一档"。各地可因地制宜适当增加或减少"一河（湖）一档"相关信息。

（二）河湖档案建设实施情况

全面推行河湖长制以来，各地按照水利部关于河湖档案建设的有关政策要求，加强河湖档案建设，通过建立"一河（湖）一档"，为河湖长组织领导河湖管理保护工作提供了数据支撑。此外，在推进河湖健康评价工作中，通过建立河湖健康档案，掌握河湖健康状态，分析存在的问题，为编制"一河（湖）一策"、实施河湖系统治理、检验河湖管理保护工作成效提供了重要依据和参考。目前，全国省市县基本完成各级河湖的"一河（湖）一档"建立，建立范围已覆盖设置县级河湖长的河湖，并可通过信息系统实现信息化展示和管理。随着河湖长制工作的全面深入，各地将进一步加强河湖健康评价与"一河（湖）一档"建设工作的衔接，把河湖健康档案统一纳入"一河（湖）一档"，并建立"一河（湖）一档"的动态更新制度和数据质量审核机制，全面摸清河湖底数，以更好地支撑河湖长制工作需求。

二、河湖管理信息化建设

2014年以来特别是全面推行河湖长制以来，水利部出台系列政策文件，指导地方加快河湖管理信息化建设，提升河湖智慧化监管水平。地方各级河长办及河湖管理部门根据政策要求和工作需要,积极开展河湖长制信息系统建设、智慧河湖建设,为全面推行河湖长制、加强河湖管理保护发挥了重要的技术支撑作用。

(一) 河湖管理信息化建设进展

卫星遥感、地理信息系统(GIS)、全球定位系统为代表的信息技术的发展,为开展河湖动态监控提供了技术保障,同时也加快了河湖管理信息化建设及应用的进程。"十二五"以来,我国水利信息化建设全面推进,"金水工程"全面实施,传统的水利业务借助信息化实现了改造和升级。2014年水利部印发《关于加强河湖管理工作的指导意见》,明确提出要运用科技手段加强河湖管理动态监控,建立河湖管理信息系统,实现河湖管理信息化。一些地区根据政策要求先行先试,积极开展河湖管理信息系统建设,充分利用卫星遥感监测和GIS等先进技术,为加强河湖管理保护提供了重要技术支撑。

如浙江省利用遥感和GIS技术,对不同时段的遥感影像进行比对,得到年度水域变化的相关信息。通过水域动态监测,对各地非法占用水域,特别是一些项目无序占用水域行为形成了很大的威慑力。江苏省将重点流域性河道、省管湖泊、大中型水库纳入遥感监测范围,利用遥感解析比对和巡查管理信息技术,强化了河湖空间管控能力,有效遏制了侵占河湖水域的行为。湖北省建设了湖泊卫星遥感监测系统,对全省755个湖泊的岸线、保护区、控制区及湖体内问题进行监测和分析,从而及早发现危害湖泊的行为和水体变化情况。

全面推行河湖长制以来,水利部河长办组织开发了全国河湖长制管理信息系统,出台《河长制湖长制管理信息系统建设指导意见》《河长制湖长制管理信息系统建设技术指南》,指导地方河长制湖长制信息系统建设。绝大多数省级河长办和部分市县级河长办依据政策要求,组织实施了河湖长制信息化建设,应用系统包括PC端管理信息系统和手机端App、微信公众号,在河湖长制工作信息报送、河长巡河及问题督办、监督检查、考核评估、公众监督举报等方面发挥了重要的支撑作用。同时,加强了卫星遥感、在线监测、无人机、无人船等先进技术的应用和普及,进一步促进了河湖管理信息化水平的提高。

根据水利部党组工作部署，推进智慧水利建设为水利高质量发展的六条实施路径之一，按照"需求牵引、应用至上、数字赋能、提升能力"要求，以数字化、网络化、智能化为主线，以数字化场景、智慧化模拟、精准化决策为路径，全面推进算据、算法、算力建设，加快构建具有预报、预警、预演、预案功能的智慧水利体系。2022年全国水利工作会议上，李国英部长提出要加快建设数字孪生流域和数字孪生工程，全面推进算据、算法、算力建设。对物理流域全要素和水利治理管理全过程进行数字化映射、智能化模拟。加大天、空、地遥感技术应用力度，构建天、空、地一体化水利感知网。构建水利业务遥感和视频人工智能识别模型，不断提高河湖"四乱"问题、应急突发水事件等自动识别准确率。智慧河湖是智慧水利建设的必要组成，是加强河湖管理保护的创新手段，是强化河湖长制的关键举措。水利部2022年、2023年、2024年河湖管理工作要点连续3年对智慧河湖建设提出相关要求，一体化推进河湖管理信息化和智慧河湖建设。

（二）河湖管理信息化建设典型案例

浙水美丽数字化平台主要由"驾驶舱、管理后台、巡河App、公众护水小程序"四大功能模块组成，同时建设河湖基础数据库，河湖管护一张图。系统功能架构如图4-6所示。

1. 综合驾驶舱

主要包括：①河长在线功能。集中展示河湖长分类统计，各级河长巡河完成情况及河长履职排名与各地市河长积分排名；按照来源和问题等级多维度分析，并与地图形成空间点位映射及详情查询；汇总统计各级河长工作预警及处置。②河湖健康功能。建立河湖健康评价模型，通过对水安全、水共享、水环境、水空间、水管控五大方面、13个二级指标、16个三级指标进行动态计算分析各行政区域综合性河湖健康指数；建立各类水质监测数据，实时监测水质变动情况，实现水质考评与事前管控。③大众护水功能。汇总展示社会公众及社会团体参与治水的人数、活跃度、河湖满意度指数，公众投诉河湖问题及销号情况；展示社会公众对幸福河湖、美丽河湖、亲水节点等河湖美景随手拍图片及评价。

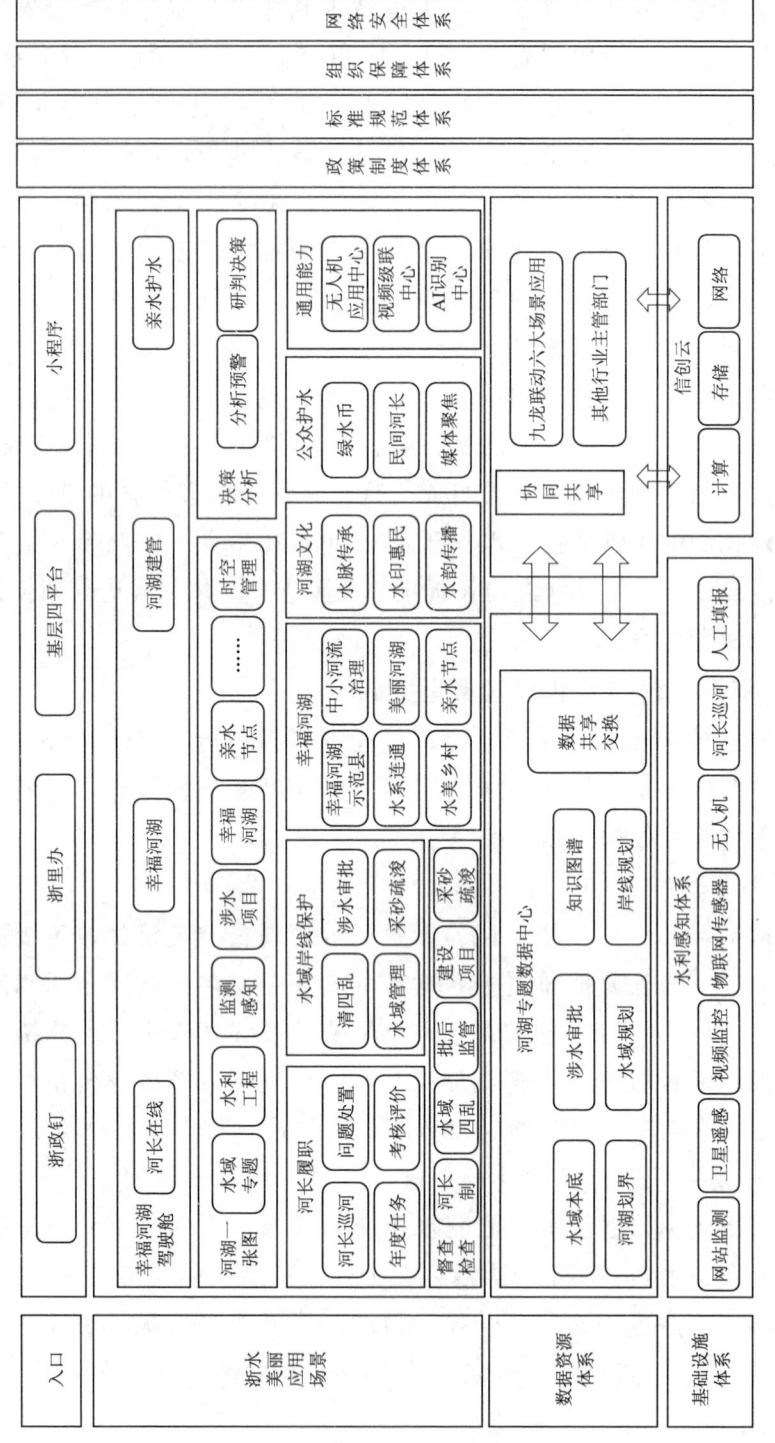

图 4－6 浙水美丽数字化平台系统功能架构

2. 河湖数据中心

以水域调查数据为基础，建立全省河湖库水域基础本底信息。为每一个水域对象建立唯一身份识别码，通过业务管理模块，汇聚水域关联的河湖空间管控红线、河长业务信息、岸线保护规划、涉河涉堤项目、批后监管、采砂疏浚、河湖建设、四乱问题、督查检查等相关业务管理模块数据建立起全业务、全流程的全生命周期管理模式。遵循"一数一源、一数一责"规范，通过河湖数据中心向省级其他业务处室及外部门提供规范、标准的数据，避免以往数据不全、口径不一、质量差异较大等弊端。

3. 河湖一张图

依托天地图 GIS 服务，加载河湖数据中心各类河湖要素，形成河湖管护要素全上图，形成管理一张图。主要以水域信息为底，用户可按业务需要自主加载不同类型的要素，为管理部门提供决策分析能力。此外，通过不同时期影像入库，为河湖管理提供四乱事件的对比溯源。打造涉河涉堤项目"审批登记—批后监管—完工验收"三阶段的水域对象化、矢量化、精准化的全生命周期管理模式。应用通过技术创新，实现 Arc-GIS 等矢量作业软件 shp 文件格式解译，形成与涉水项目占用、补偿区域的空间化管理，达到水域对象实时更新，为守护河湖管理红线提供数字赋能。

4. 巡河 App

以服务河长高效履职为出发点，打造使用方便、功能齐全、信息完整的履职工具，服务 5 万名各级河长。通过 App 为每一位河长提供责任河道基础信息、水质流量监测数据、视频监控查询、河长公示牌等内容；通过一键巡河，跟随河长自动记录轨迹，并可将巡河过程中的河湖问题进行填报及处置。河长发现问题，通过巡河 App 反馈同时可以直接转派给联系部门、河长办和行业主管部门进行处置。

5. 公众护水小程序

为社会公众开辟"参与治水、享水乐水"的通道，社会公众通过微信小程序快捷进入护水应用。小程序为社会公众提供巡河、问题爆料、美景美拍、积分兑换等服务。

第五章 河湖岸线管理保护

　　河湖岸线是河湖生态系统的重要组成部分，具有调节和维护河湖健康等功能属性。河湖岸线资源具有稀缺性、脆弱性、多宜性、综合性。加强河湖岸线管理与保护，对维护良好的河湖生态系统，保障防洪、供水和生态安全以及促进经济社会高质量发展具有十分重要的意义。本章系统梳理了我国河湖岸线管理保护概况、河湖岸线规划、涉河建设项目管理以及长江干流岸线清理整治专项行动等内容，为开展河湖岸线管理保护工作提供参考。

第一节　河湖岸线管理保护概况

　　河湖岸线是指河流两侧、湖泊周边临水边界线和外缘边界线❶内水陆相交的带状区域，是河流、湖泊自然生态空间的重要组成，是保障防洪安全与供水安全的重要基础。空间完整、功能完好、生态环境优美的河湖水域岸线，是最普惠的民生福祉和公共资源。合理规划和利用河湖岸线、加强河湖岸线管理与保护，对促进经济社会高质量发展，保障防洪、供水、水环境及水生态安全具有重要意义。《中华人民共和国水法》《中华人民共和国防洪法》《中华人民共和国长江保护法》《中华人民共和国黄河保护法》等法律法规及中央印发的《关于全面推行河长制的意见》等政策文件，明确了河湖岸线管理保护相关要求。近年来，各地积极推进生态河湖、美丽河湖、幸福河湖建设，持续强化河湖水域岸线空间管控，不断取得新进展、新成效。

---

❶ 临水边界线是根据稳定河势、保障河道行洪安全和维护河流湖泊生态等基本要求，在河流沿岸临水一侧顺水流方向或湖泊（水库）沿岸周边临水一侧划定的岸线带区内边界线。外缘边界线是根据河流湖泊岸线管理保护、维护河流功能等管控要求，在河流沿岸陆域一侧或湖泊（水库）沿岸周边陆域一侧划定的岸线带区外边界线，一般直接采用河湖管理范围线。

一、河湖岸线管理保护的重要性

河湖岸线是河湖空间不可分割的组成部分，历来是河湖治理保护的重要内容。2016年、2017年，中共中央办公厅、国务院办公厅先后印发《关于全面推行河长制的意见》《关于在湖泊实施湖长制的指导意见》，明确要求加强河湖水域岸线管理保护，主要内容包括落实岸线分区管控要求、强化岸线保护和集约利用、恢复河湖水域岸线生态功能等。做好河湖岸线管理保护工作，是落实中央决策部署的重要举措。

随着经济社会的不断发展和城市化进程的加快，江河、湖泊开发活动和临水建筑物日益增多，长江中下游、淮河中下游、珠江三角洲等经济发达地区，岸线开发利用程度普遍较高，港口码头、桥梁、取排水口、临河城市景观工程等开发利用项目密集，不合理的开发利用方式不仅会造成河湖岸线资源的浪费和破坏，更会危害河湖安全。因此，加强河湖岸线管理保护，规范岸线开发利用布局和开发方式，约束河湖岸线开发利用行为，是保障防洪、供水、生态安全的迫切需要。

河湖岸线是支撑河湖沿岸地区社会经济发展的重要资源，是沿岸地区国民经济设施建设的重要载体。随着沿岸地区经济快速发展，对岸线依赖程度越来越高，岸线资源紧缺矛盾日益突出，迫切需要处理好河湖岸线资源开发利用与保护的关系。既要发挥河湖岸线在经济社会发展中的重要作用和资源优势，又要严格涉河建设项目审批，防止过度开发和无序建设对河湖生态环境造成破坏。确实需要在湖泊周边、水库库汊建设的项目，需要依法依规进行科学论证和严格管控，确保在不影响河势稳定和航运安全的情况下，引领沿岸地区经济社会高质量发展。加强河湖岸线管理与保护，合理配置岸线资源，是沿岸地区经济社会高质量发展的重要支撑。

二、河湖岸线管理保护的相关规定

(一) 河湖岸线管理保护体制

河湖岸线保护与利用涉及水利、交通运输、自然资源、生态环境等多个部门，各部门按照职能分工，依法履行各自管理职责。根据有关法律法规，水利部门对河湖管理范围内建设项目工程建设方案是否影响防洪安全和河势稳定进行审批和监督管理；交通运输部门对港口、码头、航道整治等交通项目的建设及其他项目建设对通航安全的影响进行审批和监督管理；自然资源部门对岸线开发利用项目涉及的土地利用进行审批和监督管理；生态环境部门对岸线开发利用项目的环境影响进行审批和监督管理；其他各部门按照各自职能开展相应的管理活动。

2018年《水利部职能配置、内设机构和人员编制规定》（以下简称"三定"方案）明确，水利部职能之一为"指导水利设施、水域及其岸线的管理、保护与综合利用。"相较于2008年版水利部"三定"方案中"指导水利设施、水域及其岸线的管理与保护"，"三定"方案中增加了水域岸线"综合利用"的职能。水利部门对河湖水域岸线实施分级管理制度，长江、黄河、淮河、海河、珠江、松花江、辽河等大江大河的主要河段，跨省、自治区、直辖市的重要河段，省、自治区、直辖市之间的边界河段以及国境边界河段，由国家授权的流域管理机构实施管理，或者由上述江河所在省、自治区、直辖市的河道主管机关根据流域统一规划实施管理。其他河道由省、自治区、直辖市或者市、县的河道主管机关实施管理。

（二）河湖岸线管理保护的相关制度

《中华人民共和国水法》《中华人民共和国防洪法》《中华人民共和国河道管理条例》《中华人民共和国长江保护法》《中华人民共和国黄河保护法》等法律法规及有关规范性文件，明确了建立河湖岸线管理保护的相关制度。

1. 河湖岸线空间管控

通常情况下，河湖岸线外边界与河湖管理范围外缘线相重合，关于河湖管理范围划定，相关法律法规有明确要求。《中华人民共和国防洪法》第21条规定，有堤防的河道、湖泊，其管理范围为两岸堤防之间的水域、沙洲、滩地、行洪区和堤防及护堤地；无堤防的河道、湖泊，其管理范围为历史最高洪水位或者设计洪水位之间的水域、沙洲、滩地和行洪区。《中华人民共和国河道管理条例》第20条规定，有堤防的河道，其管理范围为两岸堤防之间的水域、沙洲、滩地（包括可耕地）、行洪区，两岸堤防及护堤地。无堤防的河道，其管理范围根据历史最高洪水位或者设计洪水位确定。河道的具体管理范围，由县级以上地方人民政府负责划定。2016年，中共中央办公厅、国务院办公厅印发的《关于全面推行河长制的意见》明确提出，"严格水域岸线等水生态空间管控，落实规划岸线分区管控要求，强化岸线保护和节约集约利用，恢复河湖水域岸线生态功能"。2022年，水利部印发的《关于加强河湖水域岸线空间管控的指导意见》（水河湖〔2022〕216号）提出，"严格管控河湖水域岸线，强化涉河建设项目和活动管理，全面清理整治破坏水域岸线的违法违规问题，构建人水和谐的河湖水域岸线空间管理保护格局"。

2. 涉河建设项目审批

《中华人民共和国水污染防治法》第19条规定，新建、改建、扩建直接或者间接向水体排放污染物的建设项目和其他水上设施，应当依法进行环境影响评价。建设单位在江河、湖泊新建、改建、扩建排污口的，应当取得水行政主管部门或者流域管理机构同意。《中华人民共和国河道管理条例》第11条规定，修建开发水利、防治水害、整治河道的各类工程和跨河、穿河、穿堤、临河的桥梁、码头、道路、渡口、管道、缆线等建筑物及设施，建设单位必须按照河道管理权限，将工程建设方案报送河道主管机关审查同意。

3. 河湖岸线管理保护规划

《中华人民共和国长江保护法》第26条规定，国家对长江流域河湖岸线实施特殊管制。国家长江流域协调机制统筹协调国务院自然资源、水行政、生态环境、住房和城乡建设、农业农村、交通运输、林业和草原等部门和长江流域省级人民政府划定河湖岸线保护范围，制定河湖岸线保护规划，严格控制岸线开发建设，促进岸线合理高效利用。《中华人民共和国黄河保护法》第26条规定，黄河流域省级人民政府根据本行政区域的生态环境和资源利用状况，按照生态保护红线、环境质量底线、资源利用上线的要求，制定生态环境分区管控方案和生态环境准入清单，报国务院生态环境主管部门备案后实施。生态环境分区管控方案和生态环境准入清单应当与国土空间规划相衔接。

4. 河湖岸线管理禁止性规定

《中华人民共和国水法》第37条规定，禁止在江河、湖泊、水库、运河、渠道内弃置、堆放阻碍行洪的物体和种植阻碍行洪的林木及高秆作物。禁止在河道管理范围内建设妨碍行洪的建筑物、构筑物以及从事影响河势稳定、危害河岸堤防安全和其他妨碍河道行洪的活动。《中华人民共和国河道管理条例》第24条规定，在河道管理范围内，禁止修建围堤、阻水渠道、阻水道路；种植高秆农作物、芦苇、杞柳、荻柴和树木（堤防防护林除外）；设置拦河渔具；弃置矿渣、石渣、煤灰、泥土、垃圾等。

（三）河湖岸线管理保护重点任务

1. 规划体系方面

河湖管理部门在已有法律法规的指导下，应明确河湖管理中各参与方的责任和权力，推进河湖管理的法制化和规范化进程。梳理现有河湖岸线法律法规体系并进一步完善其内容至关重要。河湖管理部门须遵循"规划先行"的原则，从实际情况出发，积极完善河湖岸线规划体系，明确河湖管理与保护规划的编制要求和岸线保护利用规划要求，为河湖岸线的科学保护与有效管理提供参考和依据。

2. 河湖岸线管理保护体制机制方面

河湖岸线管理职能的交叉，难以实现岸线资源的优化配置，难以快速推进河湖生态修复和科学管理。形成既全面又有针对性的河湖岸线管护长效机制是河湖岸线管理与保护的重要内容，包括探讨建立协同管理机制、建立河湖岸线分区管理和用途管制制度、完善涉河建设项目审查审批制度、建立管养分离机制和责任主体考核问责机制等。

3. 河湖岸线空间管控体系方面

强化河湖岸线空间管理，推进河湖岸线管护工作，根据相应法律法规及管理条例进行相关的划界、确权工作。强化岸线空间管控体系主要包括落实规划岸线功能分区管理的要求、制定河湖岸线登记办法、明确河湖管理范围划定标准、明确水利工程确权划界工作的意义及工作开展的步骤。

4. 日常巡查和部门联动执法机制方面

建立河湖日常巡查机制，加强河湖日常巡查监督，强化对河湖岸线的监管。健全部门联合执法机制，建立完善依法、科学、民主的水行政执法体系，发挥河湖监测预警作用；运用先进技术强化河湖监控，加强河湖信息化管理，切实把河湖岸线管理与保护工作落到实处。

5. 涉河建设项目管理工作方面

河湖管理部门根据国家及地方相关法律和规范要求，明确自身在涉河建设项目管理中的职责和权限。通过规范涉河建设项目审批制度、强化涉河建设项目全过程监管、建立健全分级管理制度和责任追究制度等手段，加强涉河建设项目管理，加强违法违规涉河建设项目清理整治工作及涉河建设项目信息化管理。

三、河湖岸线管理保护进展情况

（一）采取的主要措施

1. 加强法规制度建设，夯实河湖基础工作

水利部持续推进河湖管理法规制度建设，持续健全标准规范。持续完善河湖基础信息，开展河湖名录梳理复核、河湖管理范围划界等工作，组织各地初步完成第一次全国水利普查（以下简称"水利普查"）内河湖名录复核、管理范围划界工作，同步推动水利普查外河湖名录复核、管理范围划界。

2. 编制岸线规划，完善顶层设计

2019年3月，水利部印发《河湖岸线保护与利用规划编制指南（试行）》；2024年6月，水利部印发《河湖岸线保护和利用规划编制规程》（SL/T 826—2024），指导各流域管理机构及地方水行政主管部门开展岸线规划编制工作，各地岸线规划编制工作也稳步推进。

3. 开展专项行动，清理河湖库"四乱"问题

2018年7月，水利部针对长期以来各地破坏河湖的乱占、乱采、乱堆、乱建四大突出问题，部署开展河湖"清四乱"专项行动，对河湖管理范围内"四乱"问题开展清理整治。除此之外，水利部先后组织在长江流域、黄河流域开展岸线利用项目清理整治专项行动，拆除取缔和整

改规范了一批违法违规岸线利用项目。2024年1月，水利部以妨碍河道行洪、侵占水库库容为重点，部署开展纵深推进河湖库"清四乱"常态化规范化有关工作，开展水库"四乱"整治专项行动，持续整治河湖库管理范围内违法违规问题。

4. 严格涉河建设项目审批，强化事中事后监管

近年来，水利部不断加大涉河建设项目审批管理和监管力度，2020年8月，水利部办公厅印发《水利部办公厅关于进一步加强河湖管理范围内建设项目管理的通知》，要求进一步规范涉河建设项目许可，切实加强涉河建设项目监管。

5. 加快信息化建设，推动智慧化管理

近年来，各级水行政主管部门不断加强对管辖范围内的涉河建设项目排查，逐步建立完善涉河建设项目台账，并积极利用卫星遥感、视频监控、无人机、人工智能等技术手段，动态采集河湖水域岸线、涉河建设项目变化情况，实行动态跟踪管理。依托全国河湖长制管理信息系统，逐步将河湖管理范围、河湖岸线功能分区成果、涉河建设项目信息纳入"水利一张图"。

（二）总体进展及成效

党的十八大以来，在党中央、国务院坚强领导下，各级河湖管理工作部门深入学习贯彻习近平新时代中国特色社会主义思想，认真践行习近平总书记"节水优先、空间均衡、系统治理、两手发力"治水思路和关于治水的重要论述精神，勇于担当、攻坚克难，河湖岸线管理保护工作取得明显成效。

1. 法规制度建设不断加强

河湖管理法规制度、标准规范持续健全。《中华人民共和国长江保护法》《中华人民共和国黄河保护法》《中华人民共和国青藏高原生态保护法》相继施行，对河湖管理保护和河湖长制作出具体规定。水利部组织编制《洪水影响评价技术导则》《河湖岸线保护和利用规划编制规程》等系列重要规划及标准。

2. 河湖基础信息不断完善

水利部持续推进河湖名录梳理复核、河湖管理范围划界工作。除无

人区河湖外，全面完成水利普查内河湖（流域面积 $50km^2$ 以上河流，水面面积 $1km^2$ 以上湖泊）管理范围划定工作，共 123 万 km 河道、1996 个湖泊。水利部已公布黄河干流及其流域面积 $50km^2$ 以上（含）的一、二级支流共计 2025 条河流目录。

3. 岸线规划约束体系不断健全

继《长江岸线保护和开发利用总体规划》《珠江-西江经济带岸线保护与利用规划》印发后，2021 年 11 月，水利部又印发黄河、淮河、海河、松辽等重要河湖岸线保护与利用规划。2024 年 1 月，水利部印发《太湖流域重要河湖岸线保护与利用规划》，标志七大流域岸线保护利用规划全部批复实施。各地省级负责的岸线规划已编制完成 501 个，已批复实施 476 个。

4. 河湖库"四乱"问题清理整治走深走实

2018 年以来在全国范围内部署开展河湖"清四乱"专项行动并深入推进常态化规范化，重拳整治乱占、乱采、乱堆、乱建等"四乱"突出问题，累计清理整治河湖"四乱"问题 24 万余个。2023 年，"四乱"问题清理整治持续发力，以妨碍河道行洪突出问题为重点，清理整治"四乱"问题 1.73 万个，拆除违建 2000 万 m^2，清理垃圾 2200 多万 t。紧盯重大问题整改，持续推进长江干流岸线利用项目排查整治"回头看"和长江、黄河生态环境警示片问题清理整治，91 个问题整改销号；联合自然资源部督导韶关龙洲岛违建整改，105 栋别墅全部拆除；联合最高检挂牌督办江苏宿迁天岗湖违建光伏和湖北荆州长江学堂洲违建。通过这些专项行动，进一步畅通了河湖行洪通道，拓宽了水域面积，河湖面貌明显改善，生态环境得到有效修复，取得了显著的防洪效益、生态效益和社会效益。

5. 涉河建设项目审批监管持续强化

水利部组织修改完善涉河建设项目和活动审批服务指南及实施细则，督促各地和流域管理机构依法依规严格审批监管。指导各地开展穿堤涉河建设项目风险排查处置，落实度汛措施。各流域管理机构、各级水行政主管部门在涉河建设项目审批中严格按照岸线功能分区及其管控要求，严格分区管理和用途管制，对存在重大防洪影响、不符合岸线功能区管控要求的岸线利用项目不予许可。同时，各流域管理机构、地方各级水行政主管部门不断加强对涉河建设项目许可、建设等环节的监督，严厉查处违法侵占河湖的行为，对违法违规的责任主体进行处罚，对有关责任单位和责任人严肃问责，推动涉河建设项目审批和监管规范化、法制化。

6. 岸线管理信息化水平不断提升

2022年以来，总计完成63万个遥感图斑复核，首次实现全国水利普查河湖（无人区除外）地物遥感图斑全覆盖核查，推动3.9万个合法涉河建设项目上图。各地积极加强河湖智慧化监管能力建设，湖南对违法侵占水域岸线和非法采砂问题实行卫星遥感季度监测全覆盖，广西建成柳江、龙江、明江等河流"天眼"监管系统，岸线管理不断向信息化管理阶段迈进。

第二节 河湖岸线规划

河湖岸线保护与利用规划的主要目的是通过科学合理确定岸线功能区和控制线，全面落实河湖长制明确的"严格河道空间管控，管理保护水域岸线"任务，兼顾通航和水生态、水环境需要，科学合理保护与利用岸线资源，保障水安全，促进经济社会的可持续发展。本节重点梳理了河湖岸线规划的主要内容以及对不同岸线功能分区的管控要求。

一、河湖岸线规划概述

（一）基本概念

河湖岸线保护与利用规划是对河湖岸线划定功能分区的规划，岸线功能分区是根据河湖岸线的自然属性、经济社会功能属性以及保护和利用要求划定的不同功能定位的区段，一般分为岸线保护区、岸线保留区、岸线控制利用区和岸线开发利用区。岸线保护区是指岸线开发利用可能对防洪安全、河势稳定、供水安全、生态环境、重要枢纽和涉水工程安全等有明显不利影响的岸段。岸线保留区是指规划期内暂时不宜开发利用或者尚不具备开发利用条件、为生态保护预留的岸段。岸线控制利用区是指岸线开发利用程度较高，或开发利用对防洪安全、河势稳定、供水安全、生态环境可能造成一定影响，需要控制其开发利用强度、调整开发利用方式或开发利用用途的岸段。岸线开发利用区是指河势基本稳定、岸线利用条件较好，岸线开发利用对防洪安全、河势稳定、供水安全以及生态环境影响较小的岸段。划定岸线功能分区是加强岸线空间管控的重要基础，是推动岸线有效保护和合理利用的重要举措，对保障河势稳定和防洪安全、供水安全、航运安全、生态安全具有重要意义。

（二）编制依据

水利部《河湖岸线保护与利用规划编制指南（试行）》（办河湖函〔2019〕394号）将岸线边界线分为临水边界线、外缘边界线，将功能区分为岸线保护区、岸线保留区、岸线控制利用区和岸线开发利用区，共四区两线。《河湖岸线保护和利用规划编制规程》（SL/T 826—2024）于2024年6月4日发布，2024年9月4日实施，是新制定的水利行业标准，共10章，主要内容包括岸线保护和利用现状分析、规划需求分析与目标制定、岸线边界线与功能区划分、岸线管控要求与能力建设、规划环境影响评价等方面技术要求，适用于河流、湖泊（包括水库库区）岸线保护和利用规划的编制、修订。新发布的规程将岸线功能分区规划为岸线保护区、岸线保留区、岸线控制利用区3区，未规划岸线开发利用区。《河湖岸线保护与利用规划编制指南（试行）》《河湖岸线保护和利用规划编制规程》是目前河湖岸线规划编制的主要依据。

二、规划编制原则

1. 保护优先、合理利用

坚持保护优先，把岸线保护作为岸线利用的前提，实现在保护中有序开发、在开发中落实保护。协调城市发展、产业开发、港口建设、生态保护等方面对岸线的利用需求，促进岸线合理利用、强化节约集约利用。做好与生态保护红线划定、空间规划等工作的相互衔接。

2. 统筹兼顾、科学布局

遵循河湖演变的自然规律，根据岸线自然条件，充分考虑防洪安全、河势稳定、生态安全、供水安全、通航安全等方面要求，兼顾上下游、左右岸、不同地区及不同行业的开发利用需求，科学布局河湖岸线生态空间、生活空间、生产空间，合理划分岸线功能分区。

3. 依法依规、从严管控

按照《中华人民共和国水法》《中华人民共和国防洪法》《中华人民共和国河道管理条例》等法律法规的要求，针对岸线利用与保护中存在的突出问题，完善制度建设、强化整体保护、落实监管责任，确保岸线得到有效保护、合理利用和依法管理。

4. 远近结合、持续发展

既考虑近期经济社会发展需要，节约集约利用岸线，又充分兼顾未来经济社会发展需求，做好岸线的保护，为远期发展预留空间，划定一定范围的保留区，做到远近结合、持续发展。

三、规划主要内容

河湖岸线规划就是在资料收集与分析整理的基础上，分析岸线保护与利用现状，按照相关法律、法规、规程规范有关要求确定岸线管控目标与指标，划分功能分区，拟定规划方案，提出岸线保护与利用的行动计划与实施安排，形成河湖水域岸线保护利用规划成果。规划编制内容主要涉及岸线保护与利用现状分析、河势稳定性分析、岸线规划目标确定、岸线保护目标与开发利用控制条件分析、岸线边界线和功能分区划分、岸线管控要求制定、规划环境影响评价等方面。主要内容简述如下。

（一）保护与利用现状分析

调查岸线利用现状及其历史演变特征，分类统计港口码头、取排水设施、跨（临、穿）河设施、河道整治工程、生态环境整治工程等项目占用岸线的规模，分析评价各类岸线利用的程度、水平，了解岸线利用项目审批和管理情况，总结现状岸线保护、利用及管理存在的主要问题。分析现状岸线利用与相关规划和区划的协调性以及各河段现状岸线保护与利用的合理性。提出岸线现状保护与利用的评价意见，为岸线分区及岸线外缘边界线确定奠定基础。

（二）河势稳定性分析

河道演变特性与河势稳定性是判别河道岸线是否稳定的控制性因素，也是合理确定岸线边界线、划分岸线功能分区以及制定岸线利用与保护控制指标的基础工作。主要内容包括河段河道演变的规律及其影响因素、河势稳定性分析和河口演变趋势分析。应充分利用已有相关规划的工作成果，对近期河势变化较大，确有必要的可开展补充论证。

(三) 岸线规划目标确定

根据河湖岸线的自然条件和特点、沿河（湖）地区经济社会发展水平以及岸线开发利用程度，针对岸线保护与开发利用中的主要矛盾，结合流域或区域在生态保护、防洪减灾、水资源利用等方面的规划目标，统筹协调经济社会发展和相关行业、部门对岸线保护利用的要求和需求，分析规划水平年岸线保护与利用的发展趋势，制定岸线保护与利用目标，合理设置目标指标值。

(四) 岸线保护与开发利用控制条件分析

从防洪、供水、生态、经济社会和重要涉水工程等方面分析岸线开发利用带来的影响，提出相应的岸线保护和开发利用控制条件。

1. 防洪河势方面

在防洪形势和河道演变分析基础上，分析提出各河段岸线开发利用的条件，并重点分析各河段岸线开发利用对重要防洪设施、重要险工段和河势敏感区的影响。在此基础上，从保障防洪安全和河势稳定角度提出相应岸线保护和开发利用控制条件。

2. 供水方面

根据饮用水水源地保护区要求，分析各河段岸线开发利用对饮用水水源地的影响，在此基础上，从保障供水安全角度提出相应岸线保护和开发利用控制条件。

3. 生态方面

根据水生态敏感区、水生生物资源与珍稀物种保护以及其他涉水生态环境敏感区保护要求，分析各河段岸线开发利用对水生态环境的影响，在此基础上，从保护生态环境角度提出相应岸线保护和开发利用控制条件。

4. 经济社会方面

根据经济社会发展规划、港口布局规划、过江通道布局规划等规划情况，结合岸线利用情况，分析经济社会发展对岸线利用的需求及其可能产生的影响，提出相应岸线保护和开发利用控制条件。

5. 重要涉水工程方面

根据重要涉水工程保护要求，分析各河段开发利用对重要涉水工程安全和正常运用的影响，在此基础上，从保护涉水工程安全角度提出相应岸线保护与利用控制条件。

（五）岸线功能分区划分

合理划分岸线功能分区是规划的核心内容之一。根据规划目标、岸线保护目标与利用控制性条件分析成果，按照岸线功能分区划分依据和方法，结合不同河段岸线保护与利用的特点，划定岸线功能分区。确定规划河湖各段岸线功能分区的具体位置和坐标，说明各段岸线功能分区划分的主要依据。统计规划范围内岸线保护区、岸线保留区、岸线控制利用区、岸线开发利用区个数、长度、比例等。

（六）岸线管控要求制定

1. 岸线功能分区管控要求

根据相关法规政策要求，结合岸线功能分区定位，从强化岸线保护、规范岸线利用等方面，分别提出各岸线功能分区的保护要求或开发利用制约条件、禁止或限制进入项目类型等。

2. 岸线边界线管控要求

根据划定的临水边界线和外缘边界线，分别提出针对现状及规划建设项目的岸线保护要求和开发利用的制约条件、准入标准等。任何进入外缘控制边界线以内岸线区域的开发利用行为都必须符合岸线功能区划的规定及管控要求，且原则上不得逾越临水控制边界线。

3. 岸线管控能力建设措施

提出加强河湖岸线管控能力建设的措施；利用遥感监测、大数据、移动互联等信息化技术手段开展现状利用调查，整合水利等部门基础数据和空间地理数据，以水利普查等空间数据"一张图"为基础构建岸线管理信息系统，为河湖岸线管控提供支撑。

4. 岸线保护与利用调整意见

按照岸线保护目标要求和各功能区管控要求，以岸线功能分区为单元，分析现状岸线利用的合理性，对不符合岸线功能分区管控要求的岸线利用项目，按轻重缓急，有计划、有步骤地提出调整或清退意见。对岸线利用强度较高的岸段，应严格控制岸线利用行为，并提出岸线整合意见。

（七）环境影响评价

1. 环境保护目标与规划合理性分析

简要介绍规划范围环境敏感因子，分析规划主要环境保护目标；分析规划与相关法律法规及政策符合性、与国家地区发展战略符合性、与《全国主体功能区规划》等国家或部门相关规划的协调性，以及规划环境合理性。

2. 环境影响预测与评价

从水资源、水生态、水环境、社会环境等方面开展规划的环境影响预测与评价。

四、河湖岸线规划实例分析

以《长江岸线保护和开发利用总体规划》为例进行实例分析。

（一）规划背景

长江是我国第一大河，连接西南、华中、华东三大经济区，素有"黄金水道"之称。长江干流及重要支流水运条件优越，区位优势明显，岸线的开发利用对推动长江经济带发展具有重要作用。河道岸线的开发利用与防洪、河势、供水以及水生态、水环境保护密切相关，涉及水利、交通运输、自然资源、生态环境、农业等多个部门，如何兼顾不同部门的管理要求，合理利用、有效保护好岸线资源，满足国民经济和社会发展不同层次的要求，迫切需要在流域综合规划的指导下，编制能兼顾各部门、各行业、各地方、上下游、左右岸，反映经济社会发展和相关管理要求的岸线保护和开发利用总体规划，指导长江及其重要支流的岸线保护、开发利用及管理工作，服务长江经济带建设。

为贯彻国务院《关于依托黄金水道推动长江经济带发展的指导意见》精神，按照《2015年推动长江经济带发展工作要点》部署，水利部、交通运输部、国土资源部牵头开展了《长江岸线保护和开发利用总体规划》编制工作。2016年9月，获水利部和国土资源部联合批复。

(二) 规划主要内容

1. 规划范围

为贯彻落实《2015年推动长江经济带发展工作要点》提出的"控制河势、统筹规划长江岸线资源,促进长江岸线有序开发"等要求,考虑长江经济带经济社会发展需求以及长江干支线航道现状与能力提升、金沙江航运发展要求,规划范围长江干流河道为溪洛渡坝址至长江口,长江支流及湖区为岷江、嘉陵江、乌江、湘江、汉江、赣江等六条重要支流的中下游河道以及洞庭湖入江水道、鄱阳湖湖区。规划范围河道总长度6768km,岸线总长度17394km,涉及云南、四川、重庆、贵州、湖北、湖南、江西、安徽、江苏、上海等10个省(直辖市),见表5-1。

表5-1 长江岸线规划范围基本情况

序号	河流(湖泊)	规划范围	河道长度/km	涉及省(直辖市)
1	长江干流	溪洛渡—长江口	3117	云南、四川、重庆、湖北、湖南、江西、安徽、江苏、上海
2	岷江	都江堰—宜宾	370	四川
3	嘉陵江	广元—重庆	740	四川、重庆
4	乌江	乌江渡—涪陵	569	贵州、重庆
5	湘江	萍岛—濠河口	591	湖南
6	汉江	丹江口—武汉	652	湖北
7	赣江	赣州—赣江入湖口	511	江西
8	洞庭湖入江水道	濠河口—城陵矶	218	湖南
9	鄱阳湖	赣江入湖口—鄱阳湖入江口	—	江西
	合计		6768	

2. 规划水平年

根据长江经济带发展的战略目标,拟定规划现状基准年为2013年,近期规划水平年为2020年,远期规划水平年为2030年。以近期规划水平年为重点。

3. 规划目标

近期目标：统筹经济社会发展、防洪、河势、供水、航运及生态环境保护等方面的要求，科学划分岸线功能分区，严格分类管理，满足长江经济带建设需求；依法依规加强岸线保护和开发利用管理，规范岸线开发利用行为；探索建立长江岸线资源有偿使用制度，促进岸线资源有效保护和合理利用。

远期目标：根据长江经济带发展需求及河势变化情况，优化调整岸线功能分区；进一步健全岸线资源有偿使用制度，明确岸线资源有偿使用管理责任主体，建立岸线资源使用权登记制度，完善政府对岸线资源有偿使用的调控手段，提高岸线资源节约集约利用水平。

4. 长江岸线功能分区的划分

根据国务院《关于依托黄金水道推动长江经济带发展的指导意见》提出的"统筹规划长江岸线资源，严格分区管理和用途管制"等要求，依据国务院批复的《长江流域综合规划（2012—2030年）》，考虑河道自然条件、岸线资源现状以及开发利用和保护要求，将岸线划分为岸线保护区、保留区、控制利用区和开发利用区4类。

规划范围内共划分岸线保护区516个，长度为1964.2km，占岸线总长度的11.3%；岸线保留区1034个，长度为9306.3km，占岸线总长度的53.5%；岸线控制利用区817个，长度为4642.8km，占岸线总长度的26.7%；岸线开发利用区232个，长度为1480.4km，占岸线总长度的8.5%。其中，岸线保护区和保留区长度占比合计约64.8%，充分体现了"保护优先、绿色发展"理念。规划范围岸线功能分区情况见表5-2。

表5-2　　　　　　　　规划范围岸线功能分区统计

河流	功能区	个数	长度/km	占比
湘江	保护区	50	106.2	8.2%
	保留区	80	676.1	52.3%
	控制利用区	79	448.7	34.7%
	开发利用区	27	61.4	4.8%
	小计	236	1292.4	100.0%

续表

河流	功能区	个数	长度/km	占比
汉江	保护区	53	88.1	7.0%
	保留区	140	674.6	53.6%
	控制利用区	140	455.8	36.2%
	开发利用区	14	39.6	3.1%
	小计	347	1258.1	100.0%
赣江	保护区	28	34.9	2.7%
	保留区	54	857.7	66.0%
	控制利用区	36	265.7	20.4%
	开发利用区	24	142.2	10.9%
	小计	142	1300.5	100.0%
洞庭湖入江水道	保护区	8	23.9	10.9%
	保留区	15	154.4	70.6%
	控制利用区	8	40.3	18.4%
	开发利用区	0	0.0	0.0%
	小计	31	218.6	100.0%
鄱阳湖区	保护区	11	56.0	4.6%
	保留区	34	1071.4	88.6%
	控制利用区	10	34.9	2.9%
	开发利用区	6	47.4	3.9%
	小计	61	1209.7	100.0%
规划范围	保护区	516	1964.2	11.3%
	保留区	1034	9306.3	53.5%
	控制利用区	817	4642.8	26.7%
	开发利用区	232	1480.4	8.5%
	小计	2599	17393.7	100.0%

5.长江岸线功能分区管理要求

（1）岸线保护区

岸线保护区应根据保护目标有针对性地进行管理，严格按照相关法律法规的规定,规划期内禁止建设可能影响保护目标实现的建设项目。按照相关规划在岸线保护区内必须实施的防洪护岸、河道治理、供水、航道整治、国家重要基础设施等事关公共安全及公众利益的建设项目,须经充分论证并严格按照法律法规要求履行相关许可程序。

为保障防洪安全和河势稳定划定的岸线保护区,禁止建设可能影响防洪安全、河势稳定及分蓄洪区正常运用的建设项目。为保障供水安全划定的岸线保护区,区内禁止新建、扩建与供水设施和保护水源无关的建设项目。为保护生态环境划定的岸线保护区,自然保护区核心区内的岸线保护区不得建设任何生产设施;风景名胜区内的岸线保护区禁止建设违反风景名胜区规划以及与风景名胜资源保护无关的项目;水产种质资源保护区内的岸线保护区禁止围垦和建设排污口;湿地范围内的岸线保护区禁止建设破坏湿地及其生态功能的项目。为保护重要枢纽工程划定的岸线保护区,区内禁止建设可能影响其安全与正常运行的项目。

各省(直辖市)人民政府应按照有关法律法规的规定,对岸线保护区内违法违规或不符合岸线保护区管理要求的已建项目进行清查和整改。

(2)岸线保留区

规划期内,因防洪安全、河势稳定、供水安全、航道稳定及经济社会发展需要必须建设的防洪护岸、河道治理、取水、航道整治、公共管理、生态环境治理、国家重要基础设施等工程,须经充分论证并严格按照法律法规要求履行相关许可程序。

因暂不具备开发利用条件划定的岸线保留区,待河势趋于稳定,具备岸线开发利用条件后,或在不影响后续防洪治理、河道治理及航道整治的前提下,方可开发利用。自然保护区缓冲区内划定的岸线保留区不得建设任何生产设施;自然保护区实验区内划定的岸线保留区不得建设污染环境、破坏资源的生产设施,建设其他项目,其污染物排放不得超过国家和地方规定的污染物排放标准;饮用水水源二级保护区内的岸线保留区禁止建设排放污染物的建设项目;水产种质资源保护区内的岸线保留区禁止围垦和建设排污口;国家湿地公园等生态敏感区内的岸线保留区禁止建设影响其保护目标的项目。为满足生活生态岸线开发需要划定的岸线保留区,除建设生态公园、江滩风光带等项目外,不得建设其他生产设施。规划期内暂无开发利用需求划定的岸线保留区，因经济社会发展确需开发利用的，经充分论证并按照法律法规要求履行相关手续后，可参照岸线开发利用区或控制利用区管理。

（3）岸线控制利用区

岸线控制利用区管理重点是严格控制建设项目类型，或控制其开发利用强度。重要险工险段、重要涉水工程及设施、河势变化敏感区、地质灾害易发区、水土流失严重区所在岸段的岸线控制利用区，应禁止建设可能影响防洪安全、河势稳定、设施安全、岸坡稳定以及加重水土流失的项目；对水产种质资源保护区等生态敏感区及水源地所在岸段的岸线控制利用区，要严格按照保护要求，严禁建设可能对生态敏感区及水源地有明显不利影响的危化品码头、排污口、电厂排水口等建设项目，饮用水水源二级保护区内的岸线禁止建设排放污染物的建设项目，饮用水水源准保护区内的岸线禁止新建和扩建对水体污染严重的建设项目、改建项目不得增加排污量。对需控制开发利用强度划定的岸线控制利用区，应按照国土、城市、水利、交通等相关规划，合理控制整体开发规模和强度，新建和改扩建项目必须严格论证，不得加大对防洪安全、河势稳定、供水安全、航道稳定的不利影响。

各省（直辖市）人民政府应严格按照有关法律法规的规定，对岸线控制利用区内违法违规建设项目进行清退；对岸线开发利用程度较高岸段的已建项目进行整合；对防洪安全、河势稳定、供水安全、航道稳定有较大不利影响的已建项目进行整改、拆除或搬迁。

（4）岸线开发利用区

岸线开发利用区管理，应符合依法批准的省域城镇体系规划和城市总体规划，须统筹协调与流域综合规划，防洪规划，取水口、排污口及应急水源地布局规划，航运发展规划，港口规划等相关规划的关系，充分考虑与附近已有涉水工程间的相互影响，合理布局，按照"深水深用、浅水浅用""节约、集约利用"的原则，提高岸线资源利用效率，充分发挥岸线资源的综合效益。

（三）规划实施情况

《长江岸线保护和开发利用总体规划》为今后一段时期长江岸线保护

和管理提供了重要依据。水利部及沿江各省市高度重视规划实施工作，从加强宣贯宣传、严格项目审批、强化监督监管、开展专项整治等方面积极推进规划贯彻落实，长江岸线利用不合理现象明显好转。

1. 强化宣贯，充分认识长江岸线规划的重要意义

2017年4月，长江水利委员会在武汉市召开共抓长江大保护暨实施《长江岸线保护和开发利用总体规划》《长江经济带沿江取水口、排污口和应急水源布局规划》座谈会，邀请水利部、太湖流域管理局、长江经济带11省（直辖市）水行政主管部门参加，对规划进行宣贯，会议要求各地积极行动起来，统一思想，凝聚力量，营造规划实施的良好氛围，更好地发挥规划引领导向作用，对推动规划实施和促进长江岸线资源的有效保护、科学利用和依法管理，起到了积极作用。

2. 严格按照规划管控要求，开展涉河建设项目审批

在岸线利用项目前期工作过程中，按照《长江经济带发展负面清单指南（试行）》要求和《长江岸线保护和开发利用总体规划》确定的岸线功能分区及其管控要求，严格分区管理和用途管制。加强对自然保护区、风景名胜区、重要湿地、水产种质资源保护区等生态敏感区的保护，严禁建设不符合功能区管控要求的岸线利用项目。在保障防洪安全、保护生态环境、促进岸线高效利用的前提下，合理开发利用岸线资源，积极营造岸线保护和经济社会发展共赢的局面。

3. 部分地区按照规划要求，加强相应河段岸线管控

2017年12月，江苏省第十二届人大常委会批准了《镇江市长江岸线资源保护条例》。2017年11月，江苏省人民政府施行了《江苏省港口岸线管理办法》。2018年2月，南京市人民政府公布了《南京市长江岸线保护办法》。2018年2月，安徽省水利厅、国土资源厅、发展和改革委员会印发了《安徽省长江岸线保护和开发利用规划》。

第三节　涉河建设项目管理

加强涉河建设项目管理，关系到防洪安全、河势稳定、生态安全，是全面推行河湖长制、加强河湖管理保护的重要内容。本节梳理了涉河

第五章 河湖岸线管理保护

建设项目管理相关要求、涉河建设项目审批及监管等内容，分析了长江流域涉河建设项目管理实例。

一、涉河建设项目管理相关要求

（一）相关法律法规及制度

为规范行政许可的设定和实施，保障和监督行政机关有效实施行政管理，《中华人民共和国行政许可法》于 2004 年 7 月 1 日开始实施。按照《中华人民共和国行政许可法》要求，水利部推进行政审批制度改革和规范水利行政审批项目，先后发布了《关于水利行政审批项目目录的公告》（2005 年 2 号）和《水行政许可实施办法》（水利部令第 23 号）。河湖管理范围内建设项目工程建设方案的审批被纳入水行政审批事项，其主要依据是《中华人民共和国水法》（2016 年修正）第 38 条、《中华人民共和国防洪法》（2016 年修正）第 27 条、《中华人民共和国河道管理条例》（2018 年第四次修订）第 11 条和《河道管理范围内建设项目管理的有关规定》（水政〔1992〕7 号）。

（二）涉河建设项目管理主要措施

1. 依法划定河湖管理范围

划定河湖管理范围是加强涉河建设项目管理的基础。各流域管理机构、地方各级水行政主管部门应严格依照相关法律法规划定河湖管理范围，严禁为避让违法违规建设项目故意缩小河湖管理范围。

2. 落实岸线保护与利用规划约束

各流域管理机构、地方各级水行政主管部门应组织制定河湖岸线保护与利用规划，明确分区管理和用途管控要求，并主动与发展改革、自然资源主管部门对接，将规划成果纳入发展规划和国土空间规划。应以河湖岸线保护与利用规划为依据严格涉河建设项目管理，与规划要求不符的，新建项目一律不得许可，已建项目要因地制宜、有计划地调整或退出。

3. 加强涉河建设项目信息化管理

各流域管理机构、各省级水行政主管部门应组织对管辖范围内的涉河建设项目进行排查，逐步建立完善涉河建设项目台账，并积极利用卫星遥感、视频监控、无人机、人工智能等技术手段，动态采集河湖水域岸线、涉河建设项目变化情况，实行动态跟踪管理。要依托全国河湖长制管理信息系统，逐步将河湖管理范围线、河湖岸线功能分区成果、涉河建设项目信息纳入"水利一张图"，推进信息化管理。

4. 广泛宣传涉河建设项目法规政策

各流域管理机构、地方各级水行政主管部门应通过报纸、电视、网络、新媒体、宣传册、讲座等多种方式，向河长湖长、有关行政主管部门、建设单位、设计咨询单位、施工企业、社会群众等广泛宣传水法律法规和有关政策、涉河建设项目管理知识，要结合河湖库"清四乱"常态化规范化，加大对违法违规典型案例的曝光和宣传力度，搭建公众知情平台，畅通公众知情渠道，提升全社会对加强涉河建设项目管理的理解和支持，推动形成知法守法、保护河湖的浓厚氛围。

二、涉河建设项目审批及监管

（一）涉河建设项目审批

为加强河湖管理范围内建设项目的管理，确保江河湖泊防洪安全，保障当地国民经济的发展和人民生命财产安全，根据《中华人民共和国水法》《中华人民共和国河道管理条例》，1992年水利部和国家计委联合颁布《河道管理范围内建设项目管理的有关规定》，要求河湖管理范围内的建设项目必须按照河道管理权限，经河道主管机关审查同意后，方可开工建设。

建设单位编制立项文件时必须按照河道管理权限，向河道主管机关提出申请，申请时应提供以下文件：

（1）申请书。

（2）建设项目所依据的文件。

（3）建设项目涉及河道与防洪部分的初步方案。

（4）占用河湖管理范围内土地情况及该建设项目防御洪涝的设防标准与措施。

（5）说明建设项目对河势变化、堤防安全、河道行洪、河水水质的影响以及拟采取的补救措施。

对于重要的建设项目，建设单位还应编制更详尽的防洪评价报告。

2004年7月，水利部印发《河道管理范围内建设项目防洪评价报告编制导则》（试行），对防洪评价报告的编制进行了规范。经多年实践，2021年11月，水利部对该导则进行修订，印发《河道管理范围内建设项目防洪评价报告编制导则》（SL/T 808—2021），防洪评价报告编制进一步规范化。2023年，水利部开展了重点标准《洪水影响评价技术导则》的制定工作，用于指导规范河道、洪泛区及蓄滞洪区内洪水影响评价类报告编制，统筹有关审查技术要求；该导则出台对规范全国涉水建设项目管理有重大指导意义和现实意义，有利于水行政许可公开、公平、公正、精简、高效、便民，经济效益、社会效益显著。

进行建设项目防洪评价的审查，是规范水行政管理的重要手段。通过河湖管理范围内建设项目防洪评价报告的审查，确认建设项目方案对现有和规划防洪工程的河势稳定、防汛抢险、水利管理及对第三方合法权益的影响程度，进而确定建设项目的建设方案是否许可，同时提出减轻和降低防洪影响的工程和管理措施。通过建设项目防洪评价审查得出防洪评价审查意见，该意见是水行政许可的重要技术依据之一。

（二）涉河建设项目监管

涉河建设项目监管是促进岸线资源集约节约利用，防止建设项目批建不符、批大建小、批而不建，水域岸线占而不用、多占少用等情况发生的重要环节。各流域管理机构、地方各级水行政主管部门按照"谁审批、谁监管"要求，在许可文件中，明确涉河建设项目监管责任单位和责任人，提出监管要求。监管责任单位强化事中事后监管，指导督促涉河建设项目按照批准的工程建设方案、位置界限、度汛方案等实施。加强对防洪补救措施的实施监管，防洪补救措施与涉河建设项目主体工程同步实施，同步验收，同步投入使用。同时应压实属地责任，加强日常巡查，加大对违法行为高发频发的敏感水域、重点河段的巡查频次，对违法违规侵占破坏河湖水域岸线行为，做到早发现、早制止、早处理，力争从源头上预防和遏制水事违法行为。

建设项目开工前，建设单位应当将施工安排送河道主管机关备案。施工安排应包括施工占用河湖管理范围内土地的情况和施工期防汛措施。

建设项目施工期间，河道主管机关应对其是否符合同意书要求进行检查，被检查单位应如实提供情况。如发现未按审查同意书或经审核的施工安排的要求进行施工的，或者出现涉及江河防洪与建设项目防汛安全方面的问题，应及时提出意见，建设单位必须执行；遇重大问题，应同时抄报上级水行政主管部门。河湖管理范围内的建筑物和设施竣工后，应经河道主管机关检验合格后方可启用。建设单位应在竣工验收6个月内向河道主管机关报送有关竣工资料。河道主管机关应定期对河湖管理范围内的建筑物和设施进行检查，凡不符合工程安全要求的，应提出限期改建的要求，有关单位和个人应当服从河道主管机关的安全管理。

（三）流域机构审批权限

2021年8月，水利部印发《水利部关于印发河湖管理范围内建设项目各流域管理机构审查权限的通知》，进一步明确了各流域管理机构的审查权限，为涉河建设项目的分级管理提供了明确的审批依据，自2021年9月1日起施行。本部分内容以长江水利委员会为例，介绍流域机构涉河建设项目的审批权限。

长江水利委员会审批权限如下。

1. 在下列河段兴建的大型建设项目

（1）长江干流：源头至向家坝枢纽。

（2）汉江干流：汉中孤山汉江大桥至孤山枢纽。

（3）乌江干流：东风枢纽至乌江渡枢纽。

（4）嘉陵江干流：西汉水入江口至亭子口枢纽。

（5）岷江干流：松潘小姓沟入江口至紫坪铺枢纽。

（6）澜沧江干流：金河入江口至小湾枢纽。

（7）怒江干流：达曲入江口至勐古怒江特大桥。

（8）雅鲁藏布江干流：多雄藏布入江口至拉萨河入江口。

2. 在下列河段兴建的大、中型建设项目

（1）长江干流：向家坝枢纽至入海口（原50号灯标）。

（2）汉江干流：丹江口枢纽至入江口（武汉）。

（3）乌江干流：乌江渡枢纽至入江口（涪陵）。

（4）嘉陵江干流：亭子口枢纽至入江口（重庆）。

(5) 岷江干流：紫坪铺枢纽至入江口（宜宾）。

(6) 澜沧江干流：小湾枢纽以下。

(7) 怒江干流：勐古怒江特大桥以下。

(8) 雅鲁藏布江干流：拉萨河入江口以下。

(9) 洞庭湖、四水入湖尾闾（湘江湘潭水文站以下、资水桃江水文站以下、沅水桃源水文站以下、澧水石门水文站以下）。

(10) 鄱阳湖、五河入湖尾闾（赣江外洲水文站以下、抚河李家渡水文站以下、信江梅港水文站以下、饶河虎山和渡峰坑水文站以下、修水虬津水文站以下）。

(11) 澜沧江以西（含澜沧江）区域国际或国境边界湖泊。

(12) 长江流域和澜沧江以西（含澜沧江）区域省界湖泊。

3. 在下列河段兴建的所有建设项目

(1) 三峡水库库区。

(2) 丹江口水库库区。

(3) 陆水水库库区。

(4) 水阳江干流：杨村枢纽至入江口（含石臼湖、固城湖、南漪湖）。

(5) 滁河干流：金银浆至入江口（含驷马山水道、马汊河）。

(6) 荆南四河（即松滋河、虎渡河、藕池河、调弦河）。

(7) 长江流域和澜沧江以西（含澜沧江）区域其他省界河流边界河段，省界上、下游各10km河段。

(8) 澜沧江以西（含澜沧江）区域国际或国境边界河流河段，国境内10km河段。

在水利部最新授权的基础上，长江水利委员会制定了《河湖管理范围内建设项目工程建设方案审查权限工程规模划分表》（长河湖〔2022〕142号），并向流域17个省、自治区、直辖市相关部门印发，进一步明确了长江水利委员会审查的涉河建设项目类型和规模。规模划分表参照相关行业技术标准确定工程规模，为涉河建设项目的分级管理提供了明确的审批依据。针对水库库区，长江水利委员会先后印发《关于三峡水库库区涉河建设项目审查范围（暂行）的通知》（办河湖函〔2022〕282

号)、《关于丹江口水库库区涉河建设项目审查范围的通知》(办河湖函〔2023〕117号)、《关于陆水水库库区涉河建设项目审查范围(暂行)的通知》(办河湖函〔2023〕279号),进一步明确了长江水利委员会涉水库库区的审查权限范围边界。

三、涉河建设项目管理实例分析

长江流域岸线开发利用需求大,涉河建设项目建设量多,选取长江流域作为典型,介绍长江流域涉河建设项目管理的经验做法。2018—2023年,长江水利委员会共办结涉河建设项目审批许可935项,平均每年办结约156项。许可涉河建设项目数量前三的类型为:码头工程(含渡口)(32.2%)、桥梁工程(23.7%)、滩岸环境综合整治工程(13.5%)。主要做法介绍如下。

(一)印发涉河建设方案报告编制导则

2013年以前,申请人办理涉河建设项目许可时提交的设计资料一般是项目工程可行性研究报告。可行性研究报告是按照项目基本建设程序要求编制的,报告中水利部门重点关注的涉河建设方案内容往往达不到行政许可的要求,一定程度上影响了审查和许可工作效率。为了提高工作效率,长江水利委员会于2013年5月印发了《长江流域及西南诸河河道管理范围内建设项目涉河建设方案报告编制导则》,建设项目涉河建设方案报告编制的重点为涉河建设方案布置、建(构)筑物设计方案、施工组织设计、与堤防的衔接方案等内容。为适应涉河建设项目管理的新形势新要求,2021年7月,长江水利委员会对涉河建设方案报告编制导则进行了修订完善,发布《长江流域和澜沧江以西(含澜沧江)区域河湖管理范围内建设项目工程建设方案报告编制导则》。导则印发以来,进一步促进了审查和许可工作的规范化,切实提高了长江水利委员会及流域各省市涉河建设项目许可工作效率。

(二)印发水影响论证报告编制大纲

2018年,制定了《长江水利委员会行政审批项目水影响论证报告编制大纲》(长总工〔2018〕275号),适用于长江水利委员会8项行政许可事项的技术报告编制。其中涉及水工程建设规划同意书审核、河道管理范围内建设项目工程建设方案审批、非防洪建设项目洪水影响评价报告审批、国家基本水文测站上下游建设影响水文监测工程的审批、长江河道采砂许可等5项审批的技术报告的编制合并为一篇"洪水影响评价篇"。对于申报以上5项中的一项或多项行政审批的项目，可编制"洪水影响评价报告"一次性申请报批。

（三）简化整合水行政审批事项

长江流域同一建设项目涉及多项水行政许可事项的情况较多，项目业主需要针对不同的许可事项多次申请，并分别编制许可申请需要的报告。为切实减轻申请人负担，提高行政审批服务质量和效率，长江水利委员会对同一建设项目、同一申请人同时申请办理多项许可事项的，按照业主自愿的原则，采用"四个一"（一次申报，一本报告，一次审查，一件批文）的方式，简化整合水行政审批事项。据统计，长江水利委员会在2021年办理的189项涉河建设项目许可中，合并审批事项近70项，切实减轻了申请人负担。

（四）简化水行政审批流程

为简化长江水利委员会审查权限内对河道行洪能力、河势稳定、防洪工程安全、岸坡稳定、水利规划实施、第三人合法水事权益等无影响或影响很小的河湖管理范围内建设项目工程建设方案审查流程，切实减轻申请人负担，提高行政许可效率，2022年长江水利委员会组织制定并印发了《关于长江流域和澜沧江以西（含澜沧江）区域河湖管理范围内建设项目洪水影响评价报告表的通知》（长河湖〔2022〕227号）。对符合以下情形的涉河建设项目，可以走简化程序，编制洪水影响评价报告表代替评价报告。

（1）隧道、管线类穿河工程：山区河段，两岸均无堤防且无规划堤防，工作井或入、出土点位于河道管理范围外；平原河段，两岸均无堤防且无规划堤防，从稳定性较好的岩层穿越，工作井或入、出土点位于河道管理范围外。

（2）桥梁、管线类跨河工程：两岸均无堤防且无规划堤防，桥墩、桩柱、塔基等建（构）筑物均位于河道管理范围外。

（3）码头工程（含渡口）：位于无堤段且无规划堤防的浮码头或斜坡

道码头，设计洪水位条件下河道阻水比小于0.5%或占用湖容、库容小于$30m^3/m$。

（4）取排水设施：位于无堤段且无规划堤防，泵房位于河道管理范围外，或虽位于河道管理范围内但为全地埋式结构。

（5）其他对相关方面无影响或影响很小的小型建设项目。

（五）制定团体标准

2022年，长江技术经济学会制定《长江流域和澜沧江以西（含澜沧江）区域河湖管理范围内建设项目工程建设方案洪水影响审查技术标准》（T/CTESGS 02—2022）、《长江流域和澜沧江以西（含澜沧江）区域河湖管理范围内建设项目防洪影响补救措施专项设计报告编制导则》（T/CTESGS 03—2022）两项团体标准。对各类涉河建设项目建设方案立规矩、明规则、定标准，确保各类涉河建设项目按"确有必要、无法避让、确保安全"原则进行建设，提升行政审批标准化水平，提高水行政审批效率。

（六）审批标准化及信息化

长江水利委员会制定涉河建设方案报告打分表、洪水影响评价报告打分表，组织召开专家评审会对涉河建设项目洪水影响评价报告及涉河建设方案报告进行技术审查，按照有关评分标准对2个报告进行打分，2个报告均超过60分，视为项目通过专家技术审查。对审查未通过项目，长江水利委员会将审查情况函告申请人。将每季度审查情况在长江水利委员会网站进行公示。长江水利委员会审查的所有涉河建设项目在组织专家评审会之前、正式批复之前均需执行上述程序。在行政审批阶段，将建设项目主要建（构）筑物尺寸等信息录入长江水利委员会"水利一张图"，可直观显示建设项目位置、建设内容等信息。通过卫星影像更新，进行动态化对比监控，可及时发现批建不符情况。

（七）稳步推进行政许可事中事后监管

长江水利委员会积极开展流域涉水事项综合执法"双随机"抽查试点工作，制定了"双随机一公开"监管工作细则。对长江水利委员会许可事项开展综合执法检查时，随机抽取检查对象，随机选派执法检查人员，完成"双随机一公开"监管工作"两库一清单"编制入库。长江水利委员会建立了专职执法队伍，明确执法机构职责，切实加强综合执法和专项执法。对发现的违法违规项目，明确执法责任主体和整改督办主体，落实督促检查工作责任；对督办项目明确目标、任务、时限，建立报告制度、通报制度、现场核查制度、挂牌督办制度，做到件件有结果、事事有回音。另外，还充分运用"水利一张图"、卫星遥感、视频监控、无人机等手段，及时掌握流域水事活动情况。

（八）健全完善执法监管制度

印发《行政许可决定实施情况监督检查规定》《长江水利委员会水行政监督检查工作方案》《长江水利委员会行政执法公示制度》《长江水利委员会行政执法全过程记录制度》《长江水利委员会重大执法决定法制审核制度》，逐步建立了执法有依据、行为有规范、权力有制约、程序有监控、过错有追究的水行政执法制度体系。同时，建立健全流域管理与区域管理相结合的执法监管工作机制，充分发挥地方水行政主管部门属地监管优势，联合开展许可项目监督检查。

第四节　长江干流岸线清理整治专项行动

长江干流岸线清理整治专项行动是针对长江干流岸线利用项目进行的一项重要整治工作，旨在保护和合理利用长江岸线资源，改善长江生态环境。这一行动涉及对长江干流岸线利用项目的清理、整治和监管，以确保岸线资源的可持续利用和生态环境的保护。

一、专项行动背景

长江干流水运条件优越，区位优势十分明显，素有"黄金水道"之称。新中国成立以来，长江河道内陆续建设了大量的码头、桥梁、船厂、管线还有取排水口等岸线利用项目，这些项目为长江流域的经济社会发展发挥了重要的作用，长江干流的货运量已经连续15年稳居世界内河首位。依托长江黄金水道以及它的辐射带动作用，长江经济带11个省市的GDP接近全国总量的一半。党的十八大以后，以习近平同志为核心的党中央站在国家发展全局的高度，明确作出推动长江经济带发展的重大决策。2016年1月、2018年的4月、2020年11月、2023年10月，习近平总书记4次考察长江，主持召开推动长江经济带发展座谈会，明确提出了推动长江经济带发展必须从中华民族长远利益考虑，把修复长江生态环境摆在压倒性的位置，共抓大保护、不搞大开发。2016年9月，中央印发《长江经济带发展规划纲要》，对推动长江经济带高质量发展作出了全面的部署。这些都为新时期长江的保护和治理指明了方向，提出了要求，长江大保护被提升到前所未有的战略高度。

长江岸线是防洪的重要保护屏障，是生态系统的重要组成部分，还是依托黄金水道推动长江经济带发展的战略资源和重要载体。由于历史原因和经济社会发展阶段的制约，长江岸线的利用不同程度存在一些问题，有些项目布局不合理，有些岸线利用相对分散，岸线集约节约利用程度不高，没有发挥综合利用性；还有一些未批先建、批建不符、乱占乱用、占而不用、多占少用、粗放利用和占用生态敏感区等问题。为贯彻落实习近平总书记关于长江大保护的要求和中央关于长江经济带高质量发展的要求，2016年水利部与国土资源部联合印发了《长江岸线保护和开发利用总体规划》，明确了长江岸线的功能分区和管控要求。在此基础上，推动长江经济带发展领导小组办公室会同水利部、自然资源部、交通运输部等部委组织开展长江干流岸线利用项目的清理整治，全面摸清底数、深刻剖析问题，对涉嫌违法违规的项目逐项进行清理整治，切实推动长江岸线规范化、精细化和现代化管理。

二、专项行动过程

专项检查行动于2017年12月正式启动，分省市自查、重点核查和清理整治三个阶段，工作范围为长江溪洛渡以下干流河段，涉及云南、四川、重庆、湖北、湖南、江西、安徽、江苏和上海等9省（直辖市），河道全长约3117km，岸线总长约8311km。

（一）省市自查阶段（2017年12月—2018年2月）

为方便省市自查工作，长江水利委员会组织开发了"长江干流岸线利用项目网上填报信息系统"，采取现场交流和网络互动等方式指导各地进行网上填报。各省（直辖市）积极配合，组织各个岸线利用项目权属单位或运营管理单位按要求进行填报，并完成了县、市、省三级水行政主管部门的审核。在此基础上，长江水利委员会组织对省市自查成果进行内业复核，将发现疑似漏报、错报的近2000个项目及时提交各省（直辖市）进行补报和更正。通过省市自查及遥感影像内业排查，初步摸清了长江溪洛渡以下干流岸线范围内岸线利用项目底数。

（二）重点核查阶段（2018年3—9月）

在省市自查基础上，长江水利委员会组织开展了大范围、高比例的现场重点核查，建立了岸线利用项目台账，明确了需清理整治的项目清单及整改类型。

（1）开展重点核查。2018年4月，长江水利委员会坚持"全委一盘棋"，抽调了300多名技术骨干，会同沿江9省（直辖市），利用移动版"水利一张图"App，对3545个未批先建、批建不符、填报信息不全及疑似漏报、错报的岸线利用项目进行了现场重点核查。通过重点核查，最终核定长江溪洛渡以下干流岸线利用项目共计5711个。

（2）建立项目台账。为实时、动态掌握岸线利用项目有关情况，以省市自查和重点核查成果为基础，开发了长江干流岸线利用项目台账系统。该系统实名用户覆盖沿江9省（直辖市）的省、市、县三级近200个水行政主管部门和数千个岸线利用项目权属单位或运营管理单位，形成了长江水利委员会和地方水行政主管部门信息共享、交流互动、协同管理的工作平台。

（3）明确整改类型。通过内业与外业、线上与线下的全面核查，确定2441个涉嫌违法违规项目，分为356个拆除取缔项目和2085个整改规范项目两大类进行清理整治。整改规范类项目中，不符合岸线功能分区管控要求或可能存在重大防洪影响类项目833个，其他整改规范类项目842个，位于生态敏感区项目715个（与前两者重复项目305个）。

（三）清理整治阶段（2018年10月—2020年9月）

针对2441个涉嫌违法违规项目，各地制定了整改方案，明确了整改内容及完成时限，长江水利委员会对部分整改规范项目的省级审查意见进行了复核。各地组建了清理整治工作专班，督促相关部门和业主单位按照整改方案要求，积极推进整改。整改完成后，各地组织开展了验收、省级复核等工作，长江水利委员会组织开展了多轮次现场核查工作。

1. 组织对省级审查意见复核

为顺利推进清理整治阶段工作，长江水利委员会印发了整改规范类项目论证审查实施要求和需开展防洪影响论证审查项目清单，明确了防洪影响论证报告编制及审查要求，同时制定防洪影响论证报告审查表，规范了论证报告编制及审查工作。组织30多名技术骨干，历时3个多月，完成833个整改规范项目防洪影响论证报告省级审查意见的复核工作，并及时发文回复各地，指导地方科学制订整改方案。

2. 清理整治现场核查

为提高现场核查工作效率和成果质量，长江水利委员会升级了"水利一张图4.0"和"移动版2.0"系统，定制了岸线利用核查专题系统。依托该系统，针对拆除取缔类和整改规范类项目，组织开展了6轮次现场核查。

（1）拆除取缔类项目。2018年12月—2019年9月，先后分4次，共派出38个工作小组、114人次，对沿江9省（直辖市）拆除取缔类项目进行了全覆盖现场核查，督促各地按照"拆除取缔到位、现场清理到位、具备条件的复绿到位"的要求，按计划按要求完成了拆除取缔任务（申请延期的项目除外）。

（2）整改规范类项目。2019年11月下旬，派出22个工作小组、66人次，对沿江9省（直辖市）644个整改规范类项目进行了第一轮现场核查；现场核查结束后，组织进行了内业复核，将发现的整改不到位问题及时反馈地方，并督促各地按照"整改措施到位、现场清理到位、防洪影响补救措施到位"的总要求整改到位。2020年8月中旬至9月上旬，派出20个工作小组、60人次，对797个整改规范类项目（含第一轮现场核查发现的整改不到位的55个项目）进行了第二轮现场核查，同时对核查情况进行了内业复核，及时梳理整改不到位问题上报水利部，并反馈各地要求进一步完成整改。

截至2020年9月底，除27个项目因涉及疫情汛情、司法诉讼、民生保障等特殊情况，经相关省级人民政府或省级河长同意后申请延期整改外，其余 2414 个项目完成整改。

（四）行动收尾阶段（2020 年 10 月—2021 年 12 月）

针对 27 个延期整改项目，在水利部指导下，长江水利委员会加强跟踪督导和现场检查，实行"一周一报告、半月一检查"制度，开展了 10 多次现场调研检查，并运用长江经济带纪检监察沟通协调机制，强化问题督办。至 2021 年 12 月底，2441 个涉嫌违法违规项目全部完成整改。

三、专项行动成效

（一）专项行动的经验做法

岸线的清理整治需要解决一大批历史遗留问题，还有许多涉及方方面面的既得利益，是一项非常复杂、非常艰难的工作。要做好这项工作，既要辩证统一直面问题，同时还要依法依规，规范整治。水利部组织长江水利委员会、沿江 9 省（直辖市）多措并举，攻坚克难，专项行动主要有以下五个特点。

1. 坚持高位推动

水利部多次召开部长专题办公会议研究，要求贯彻落实好习近平总书记关于长江"共抓大保护、不搞大开发"的指示要求，要求以超常规的措施、超常规的力度、超常规的成效，抓好长江岸线的清理整治。水利部领导多次主持视频调度会商，沿线各省市党委、政府的负责同志，特别是主要负责同志通过签发总河长令、召开河长会议等形式进行部署和调度，为清理整治工作提供有力的保障。

2. 落实工作责任

地方政府切实担负起清理整治的主体责任，认真制定整改方案，并推动落实。水利部统筹协调，指导督促地方开展工作，水利部长江水利委员会充分发挥协调、指导、监督的作用，负责全面的排查、论证审核、督促整改以及现场核查等工作。

3. 明确工作要求

水利部研究提出了清理整治的工作方案，由推动长江经济带发展领导小组办公室印发实施。水利部组织长江水利委员会制定了岸线利用项目整改论证审查实施要求，各省市也制定了验收销号办法，规范验收销号流程。

4. 强化跟踪督办

水利部组织长江水利委员会建立了清理整治项目台账，跟踪清理整治进展。先后组织长江水利委员会派出了180多个工作组、550余人次对清理整治工作进行现场督办。各省市根据工作的需要，建立联席会议、联合督办、周调度等制度，开展定期和不定期督查，保证清理整治工作有序推进。

5. 发挥部门合力

按照推动长江经济带发展领导小组办公室的统一安排，水利部牵头，会同国家发展改革委、自然资源部、生态环境部、交通运输部、农业农村部等部委指导督促各地清理整治工作。各省市也充分发挥河长制平台的组织协调作用，发改、交通、水利、环保、林业、住建等部门按照职能分工，各司其职，共同推动清理整治工作。

（二）专项行动的主要成效

经过有关部委和沿江省市的共同努力，清理整治工作在防洪、生态等方面取得了显著的成效，主要体现在4个方面。

1. 消除安全隐患

通过清理整治，拆除取缔了一批存在重大防洪影响、不符合岸线功能分区管控要求、占用生态敏感区以及长期占而不用的岸线利用项目，规范管理、改造提升了一批岸线利用项目，消除了防洪和生态的安全隐患。

2. 恢复岸线空间

对长江岸线存在的非法占用、占而不用、多占少用、深水浅用等问题进行了清理整治，共腾退长江岸线长度162km，拆除违法违规建（构）筑物面积238万m^2，完成滩岸复绿面积1225万m^2，有效释放了长江岸线空间。

3. 改善岸线面貌

沿江各地积极对整治后的岸线进行复绿，因地制宜，建设景观绿地，岸线面貌明显改变。由以往的码头犬牙交错、砂场林立转变为河畅岸绿、优美整洁，沿江百姓有了优美的亲水空间，对长江岸线由原来的避之不及、怨声载道到现在的江边闲庭漫步、称赞不已。

4. 提升保护意识

通过清理整治，特别是拆除取缔一批长期侵占长江岸线的"老大难""巨无霸"问题，起到了重要的警示和宣传作用，大大提升了沿江地方政府、社会各界保护长江岸线的意识，侵占长江岸线的行为得到了有效的遏制，共同保护好长江岸线的良好的氛围正在逐步形成。

第六章 河道采砂管理

河道采砂管理是河湖管理的重要内容。加强河道采砂管理，对维护河势稳定和水工建筑物的安全十分重要，是统筹河湖保护和经济发展，建设安全河湖、生命河湖、幸福河湖的重要举措。本章重点介绍我国河道采砂管理现状、河道采砂规划编制、河道采砂许可管理以及河道采砂监管与执法等内容。

第一节 河道采砂管理概况

河道采砂管理涉及多个方面，包括采砂规划、许可实施管理、采砂监管与执法、能力建设等。河道砂石资源是优质的建筑材料，一段时期以来，伴随我国基建加快，砂石需求居高不下，加之河流、湖泊总体来沙量持续减少，一些地方河道无序开采、私挖乱采等问题时有发生，影响防洪、航运、供水和水生态安全。党的十八大以来，水利部全面贯彻落实习近平生态文明思想，按照习近平总书记"节水优先、空间均衡、系统治理、两手发力"治水思路，依法持续强化河道采砂管理，会同相关部门联合开展重大专项整治行动，取得显著成绩，为维护河湖健康生命和保障防洪安全、供水安全、通航安全、生态安全发挥了重要作用。

一、河道采砂管理相关要求

河道砂石具有自然资源和河床组成要素的双重属性。砂石是河床的重要组成部分，关系到河势稳定和堤防安全，同时又是工程建设领域不可缺少的建筑骨料，在路基填筑、吹填造地等方面也得到了广泛的应用，具有较高的经济价值。河道采砂指在河道管理范围内从事采挖砂石、取土和淘金（以及其他金属和非金属）等活动的总称。河道采砂管理，是指为防止在河道内滥采、乱挖砂石导致的毁滩塌岸、河势恶化对河道防洪和航运安全造成影响，通过技术、经济、行政、法律等手段规范河道采砂行为的管理工作。河道采砂管理包括采砂规划、许可实施管理、采砂监管与执法、能力建设等环节。采砂管理的范围包括河道、湖泊、人工水道、蓄滞洪区。

（一）法律法规及政策文件

《中华人民共和国水法》《中华人民共和国防洪法》《中华人民共和国航道法》《中华人民共和国长江保护法》以及《中华人民共和国河道管理条例》《长江河道采砂管理条例》等法律法规，国家部委、有关省市出台的部门规章、地方性法规等，共同组成了河道采砂管理的法规制度体系。

1. 法律法规相关规定

《中华人民共和国水法》第39条规定，国家实行河道采砂许可制度。在河道管理范围内采砂，影响河势稳定或者危及堤防安全的，有关县级以上人民政府水行政主管部门应当划定禁采区和规定禁采期，并予以公告。《中华人民共和国防洪法》第35条规定，在防洪工程设施保护范围内，禁止进行爆破、打井、采石、取土等危害防洪工程设施安全的活动。《中华人民共和国航道法》第36条规定，在河道内采砂，应当依照有关法律、行政法规的规定进行。禁止在河道内依法划定的砂石禁采区采砂、无证采砂、未按批准的范围和作业方式采砂等非法采砂行为。《中华人民共和国长江保护法》第28条规定，国家建立长江流域河道采砂规划和许可制度。国务院水行政主管部门有关流域管理机构和长江流域县级以上地方人民政府依法划定禁止采砂区和禁止采砂期，严格控制采砂区域、采砂总量和采砂区域内的采砂船舶数量。禁止在长江流域禁止采砂区和禁止采砂期从事采砂活动。国务院水行政主管部门会同国务院有关部门组织长江流域有关地方人民政府及其有关部门开展长江流域河道非法采砂联合执法工作。《中华人民共和国河道管理条例》明确，在河道管理范围内进行采砂活动，必须报经河道主管机关批准；涉及其他部门的，由河道主管机关会同有关部门批准；在河道管理范围内采砂，必须按照经批准的范围和作业方式进行，并向河道主管机关缴纳管理费。《长江河道采砂管理条例》明确了长江宜宾以下干流河道内采砂及其管理的相关要求。

2. 政策文件及地方性法规

为规范采砂管理，水利部、交通运输部等部门印发了《长江河道采砂管理条例实施办法》、《关于加强长江河道采砂现场监管和日常巡查工作的通知》、《关于河道采砂管理工作的指导意见》、《关于长江河道采砂管理实行砂石采运管理单制度的通知》、《关于推行河道砂石采运管理单制度的通知》、《河道采砂规划编制与实施监督管理技术规范》（SL/T 423—2021）等文件和技术规范。部分省市出台了河道采砂管理条例、河道采砂管理办法、采砂许可实施细则等地方性法规、规范性文件。如《安徽省河道采砂管理办法》（2009）、《黑龙江省河道采砂管理办法》（2013）、《辽宁省河道采砂管理实施细则》（2014）、《上海市长江河道采砂行政许可实施细则》（2015）、《江苏省河道非法采砂砂产品价值认定和危害防洪安全鉴定办法》（2017）、《江西省河道采砂管理条例》（2017）、《湖北省河道采砂管理条例》（2018）、《福建省河道采砂管理办法》（2018）、《河北省河道采砂与整治管理办法》（2019）、《内蒙古自治区规范河道采砂的指导意见》（2019）。

（二）采砂管理重点工作

采砂管理的目标任务主要包括保障河势稳定、保障防洪安全、保证通航河段的通航安全、保障重要水工程设施安全、维护沿岸群众生产生活的正常秩序、维护采砂者的合法权益。

保障河势稳定是采砂管理的重要首要目标。通过合理规划和监管采砂活动，避免对河流的自然流向和河床稳定性造成不利影响。保障防洪安全是采砂管理的重要任务，通过规范采砂行为，减少对防洪设施的潜在威胁。保证通航河段的通航安全同样重要，确保采砂活动不会影响船舶的通行安全。此外，保障重要水工程设施安全和维护沿岸群众生产生活的正常秩序也是采砂管理的重点，旨在维护社会稳定和公共安全。河道采砂管理还要维护采砂者的合法权益，确保合法合规进行采砂活动。

采砂管理措施主要包括：加强采砂生产安全监督，全面推动落实采砂生产安全工作责任和各项工作措施；强化对采砂活动的监管，包括对采砂作业的船舶在通航水域内航行和作业的水上交通安全监管；以及通过集中统一开采和加强规范管理，提高采砂规划质量、规范企业运营等。

这些措施旨在建立一个规范、有序、安全的采砂环境，确保河道采砂活动既能满足社会经济发展需求，又能有效保护河流生态和公共安全。

二、河道采砂管理现状

（一）部署开展的工作

近年来，水利部根据河湖管理保护总体要求，积极推进采砂管理工作，主要包括：①落实采砂管理责任。通过公告重点江段、敏感水域采砂管理"五个责任人名单"，加强监督检查，落实各地采砂管理责任。开通水利部12314举报受理电话，及时受理各类涉砂举报。针对重点时段，如春节、全国"两会"等时段，部署有关工作，并开展督导检查，确保重要时间节点采砂管理秩序的稳定可控。②编制采砂规划。根据统一部署，目前全国大江大河河道采砂规划已全部批复实施，其他有采砂管理任务的河道采砂规划已基本编制完成。长江干流是最早完成采砂规划编制的河段。2001年以来，长江水利委员会同沿江八省（市）水行政主管部门，先后编制了6轮（次）长江中下游干流河道采砂管理规划、长江上游干流宜宾以下河道采砂管理规划等多轮规划，划定禁采区、可采区和保留区，确定年度控制开采总量，积累了丰富的规划编制经验。③加强许可实施管理。河道采砂许可以批复的采砂规划、年度采砂计划为依据，依法依规进行。按照"谁许可、谁监管"原则，加强许可采区事中事后监管，实行旁站式监管。为加强许可实施监管，目前正在全国推进砂石采运管理单制度，从采、运、销进行全链条监管。④加强执法打击非法采砂活动。水利部各流域管理机构、地方各级水行政主管部门坚持明查与暗访相结合，多采取不发通知、不打招呼、不听汇报、不用陪同，直奔管理一线、直插现场的方式开展暗访巡查，对重点河段、敏感水域、问题多发区域和重要时段加大巡查频次。充分利用河长制湖长制平台，在河长湖长的统一领导下，统筹有关部门力量，开展定期会商、信息共享、联合检查、联合执法、案件移交等工作。建立跨界河段（水域）区域联防联控机制，形成上下统一、区域协调、部门联动的执法监管格局。推进行政执法与刑事司法有效衔接，严厉打击非法采砂行为，做好打击非法采砂中的扫黑除恶工作，及时发现移交问题线索，并配合公安等部门做好后续调查取证和查处工作。⑤完善法规制度。水利部及国务院有关部委,坚持问题导向,不断完善法规制度。如为加强河道采砂全链条监管,水利部、交通运输部印发了《关于推行河道砂石采运管理单制度的通知》,并实行采运管理单电子化。为加强疏浚砂综合利用管理,水利部、交通运输部联合印发了《关于加强长江干流河道疏浚砂综合利用管理工作的指导意见》,明确提出疏浚砂综合利用"政府主导、部门联动,资源国有、统一处置,重点保障、统筹利用,严格监管、规范实施"的工作原则。⑥加强能力建设。水利部指导各地不断加强采砂管理能力建设,明确从事采砂管理的机构和人员,配备必要的执法装备,落实采砂管理经费。近年来,各地不断探索新技术在采砂管理中的应用,提升采砂管理信息化水平。如建设砂石采运管理信息平台,建设采砂管理视频监控系统,加大电子围栏、无人机、遥感图像解译等技术的应用。

(二)重大专项行动

近几年,水利部及相关部委先后组织多次重大专项行动,有力打击了私挖滥采等违法违规行为,确保河道砂石规范有序利用。

1. 长江河道采砂多部门联合整治行动

2021年,水利部、公安部、交通运输部联合工业与信息化部、市场监督管理总局,联合开展了长江河道采砂综合整治行动。主要任务包括:①落实河道采砂管理责任制,各地对辖区内有采砂管理任务的河道,逐级逐段落实采砂管理河长、水行政主管部门、现场监管和行政执法责任人,并向社会公告。②规范河道采砂规划和许可管理,加快长江干、支流河道及相关湖泊采砂规划编制与审批,依法依规合理划定禁采区、规定禁采期。③加强日常巡查监管,对重点江段、敏感水域加密巡查频次,充分运用信息化技术手段,及时发现非法采砂问题。④严厉打击非法采运砂行为,对发现的违法案件依法从严从快查处,落实扫黑除恶常态化要求,加强行政执法与刑事司法有效衔接,及时向公安机关移交采砂领域犯罪案件和涉黑涉恶线索。⑤强化涉砂船舶综合治理,三部会同其他相关部门联合开展长江河道非法采砂专项整治行动,推动沿江各地压实属地管理责任,依法查处证件不齐、船证不符的采砂船,全面清理整治"三无"采砂船和"隐形"采砂船,严厉查处对采砂船进行非法改装,伪装、隐藏采砂设备的行为，依法对采砂船实行集中停靠管理，落实砂石采运管理单制度，按有关规定对运输无合法来源证明砂石的船进行处罚。⑥加强疏浚砂综合利用管理，指导沿江各地制定符合本地实际的疏浚砂综合利用管理办法，加强部门间协调配合，加强对疏浚砂综合利用现场的监督检查，严厉打击以疏浚之名的非法采砂。

2. 水利部全国河道非法采砂专项整治行动

2022年，水利部部署开展全国河道非法采砂专项整治行动，主要任务是：集中一年时间，对全国有采砂管理任务的河湖，持续深入开展非法采砂专项整治。专项整治坚持以打击为先、以防控为基、以监管为重、以立制为本、以明责为要，对非法采砂坚决重拳出击，严厉打击"沙霸"及其背后"保护伞"，加大对重点河段、水域、人员、船舶管控力度，全面遏制非法采砂反弹势头，推动河道采砂领域涉黑涉恶现象得到有效治理、河道采砂秩序持续向好、采砂管理机制进一步完善、河湖面貌不断改善、人民群众满意度持续提升。

3. 长江干线水域多部门联合非法采砂专项打击整治行动

2023年，公安部、最高人民法院、最高人民检察院、工业和信息化部、交通运输部、水利部、市场监督管理总局，联合部署开展长江干线水域非法采砂专项打击整治行动。主要任务是：按照"打防并举、标本兼治"的工作要求，坚持问题导向、结果导向，聚焦非法盗采、运输、过驳、装卸、销售长江河道砂石等突出违法犯罪活动，强化部门协同联动，加大打击整治力度，加强全环节、全流程监管合力。主要工作包括：①打击盗采长江河道砂石或超范围、超限期、超数量乱挖乱采的违法犯罪活动；②打击以清淤作业、政府工程等为掩饰盗采、非法销售长江河道砂石的违法犯罪活动；③依法严厉打击涉砂黑恶势力，对包庇纵容以及充当"保护伞"的公职人员依法移送纪检监察部门；④依法整治"三无"采砂船舶、冒用套用砂石采运管理单、非法运输过驳来源不明砂石等突出问题，依法整治船舶非法改装、建造、伪装、隐藏采砂设备等突出问题，依法整治涉砂管理松散的采区、砂石交易场所、非法采砂高发频发的重点区域；⑤完善三部派出机构长江河道采砂管理合作机制，推动河湖长制与采砂管理责任制的有机结合，围绕采砂管理、砂石过驳管理、涉砂船舶管理等重点环节建立部门联动机制，形成齐抓共管的监管合力。

（三）主要成效

在党中央、国务院坚强领导下，水利部与公安、交通运输等部门精诚合作，各级党委政府、各级河长齐抓共管，各级水行政主管部门履职尽责，河道采砂管理取得了显著成绩。以2023年为例，已落实并公告全国2905个重点河段、敏感水域四个责任人，公告长江干流沿江9省市33地市151县区和南水北调中线干线工程416个交叉河道采砂管理五个责任人，查处打击非法采砂船2000余艘。在长江干流，形成了"法律为依托、政府负总责、水利为主导、部门相配合"的"长江模式"，采砂管理秩序持续稳定向好，源头治理成效进一步巩固。

第二节 河道采砂规划编制

采砂规划的意义在于科学、合理、有序地开采有限的砂石资源，确保基础设施建设需要，同时保护生态环境和河道安全。采砂规划的内容主要包括禁采区和可采区的划分、禁采期和可采期的设定、年度采砂控制总量、河道采砂批准程序等。通过实施规划，实现对河道采砂活动的科学管理和有效监管，确保河势稳定，保障防洪安全、供水安全、通航安全以及生态安全。

一、采砂规划制度

20世纪80年代以来，随着经济社会的快速发展和城市建设需要，建筑砂料和填筑砂料的需求呈较大增长之势，采砂规模和采砂范围也随之迅速扩大。无序及非法采砂带来的问题突出，对河道河势稳定、防洪安全、通航安全、水生态与水环境保护和涉水工程及设施运用的影响越来越大。为达到合理地利用河道砂石资源的目的，使河道采砂走向依法、科学、有序的轨道，对河道采砂活动进行科学规划十分必要。

2002年1月1日起实施的《长江河道采砂管理条例》，规定国家对长江采砂实行统一规划制度，率先在长江干流（宜宾以下）实行河道采砂规划制度。2021年3月1日起实施的《中华人民共和国长江保护法》规定国家建立长江流域河道采砂规划和许可制度。全国除长江流域的大多数省份也通过地方性法规及其他方式明确了河道采砂规划制度。2019年，水利部发文要求在2020年12月31日前，全国有采砂管理任务的河道要基本实现采砂规划全覆盖。

根据有关法律法规规定，国家确定的重要江河、湖泊的主要河段以及流域管理机构直接管理河道的采砂规划，由流域管理机构会同有关省（自治区、直辖市）人民政府水行政主管部门编制，报国务院水行政主管部门批准。国务院水行政主管部门在批准前应征求国务院有关部门意见。其他江河、湖泊的采砂规划由县级以上地方人民政府水行政主管部门按照省（自治区、直辖市）确定的管理权限商同级人民政府有关部门编制，经上一级水行政主管部门审查同意，报本级人民政府批准。

二、采砂规划编制

（一）编制原则

1. 依法依规、统筹协调

河道采砂规划应符合国家的相关法规和政策，符合江河流域综合规划和区域规划，并与相关专业规划相协调。统筹协调上下游、左右岸以及各地区之间的关系，依法依规、科学合理地编制采砂规划。

2. 保护优先、合理利用

贯彻落实"生态优先、绿色发展"理念，充分考虑防洪安全、河势稳定、供水安全、水生态环境保护、航道与通航安全及涉水工程设施保护的要求，在保护好河道生态环境的前提下合理利用河道砂石资源。

3. 问题导向、科学规划

全面分析上轮规划实施存在的问题和当前经济社会发展要求，遵循河道演变特点和泥沙淤积规律，充分考虑砂石资源特性的差异以及地区砂石需求变化，科学设置可采区。

4. 总量控制、强化管理

突出规划的限制性和指导性，结合河道泥沙补给分析，科学合理确定年度控制开采总量，确保河道安全；强化采砂规划实施管理，推动河道疏浚砂综合利用管理的规范化。

(二) 规划目标及范围

河道采砂规划目标是通过总结评价现状或上轮采砂规划实施情况，分析近年来规划河段河道演变、河道冲淤变化及趋势，分析河势稳定、防洪及通航安全、生态与环境保护及涉河工程安全运行等对河道采砂的控制条件，科学划定禁采区、可采区和保留区，确定禁采期，提出年度采砂控制总量、采砂规划实施与管理要求。河道采砂规划范围为有采砂任务的河道，规划对象为河道内的各类采砂活动，但堤防吹填固基或整治河道、航道的采砂活动不包含在其中，鉴于河道疏浚砂综合利用规模具有较大的不确定性，疏浚时间、地点不固定，其利用量一般不计入规划采砂控制总量。

(三) 规划内容

河道采砂规划的主要内容包括河道演变与泥沙补给分析、采砂分区规划、采砂影响分析、规划实施管理及年度采砂实施方案编制等。

1. 河道演变与泥沙补给分析

河道采砂规划应根据规划河段的水文、地形、地质、河道演变、人类活动影响等基础资料进行河道演变与泥沙补给分析，内容和方法宜根据规划河段的河道特性、治理开发情况和采砂作业方式具体确定。对河势变化大或特别重要的河段，宜结合数学模型计算进行综合分析。

(1) 河道演变分析

河道演变分析的内容应包括河道历史时期演变、近期演变以及河道演变趋势分析。河道历史时期演变分析应说明历史时期河道平面形态、河床冲积（或堆积）及洲滩等演变特征。河道近期演变及演变趋势分析应综合分析规划河段近期的河势和河床冲淤变化的特性和演变趋势。规划河段及其上下游、干支流修建水库等水利枢纽、实施水土保持和河道整治等人类活动影响而可能导致规划河段来水、来沙、河床边界条件发生较大变化时，应分析其对河道演变的影响。

(2) 泥沙补给分析

泥沙补给分析的内容宜包括规划河段的来水特性、泥沙来源，悬移质、推移质的输移特性和颗粒级配，床沙的组成及其颗粒级配。泥沙补给分析可根据河道的水文、地形、地质等资料及河道演变特征和规划河段的河道冲淤状况、床沙颗粒级配、上游来沙数量和颗粒级配，利用输沙平衡原理分析各河段的泥沙补给情况，并应研究人类活动对规划河段泥沙补给的影响。

2. 采砂分区规划

采砂分区包括禁采区、可采区和保留区。禁采区是指依据现行法律、法规、规章、规范的相关规定以及河道管理的相关要求，在河道管理范围内禁止采砂的区域。根据其分布特点，禁采区又分为禁采河段和禁采水域。可采区是指河道采砂对防洪安全、供水安全、通航安全、水生态环境保护以及涉水工程设施无影响或影响较小，允许采砂的区域。保留区是指在河道管理范围内采砂具有不确定性，需要对采砂可行性进一步论证的区域。禁采水域、禁采河段、可采区、保留区的相互关系如图 6-1 所示。

禁采区分为禁采河段和禁采水域两类。禁采河段是指上下断面之间全线禁止开采的河段。禁采水域是指上下断面之间未全线禁止开采，仅有限水域禁采的区域，包括涉水工程保护范围内的禁采水域和部分水生态环境敏感区内的禁采水域。可采区规划主要包括采区年度控制开采量、采砂船舶数量和功率或挖掘机械数量、控制开采高程及禁采期等。可采区年度控制量和控制开采高程应根据河段及河段附近多年河势变化、河床冲淤变化及泥沙补给、航道现状等进行综合分析确定。禁采期是指为防止对河势、防洪、通航、水环境及水生态保护等产生较大影响而设置的禁止开采砂石的时段。在禁采期内停止除防洪抢险以外的一切采砂活动。

3. 采砂影响分析

采砂影响分析应包括采砂对河势稳定、防洪安全、通航安全、生态与环境和涉河工程正常运行等方面的影响。分析可采区规划与江河流域综合规划和区域综合规划及相关专业规划的关系，提出结论性意见及减免不利影响的对策措施。

鉴于可采区规划中均选取对防洪安全、河势稳定、供水安全、水生态保护、航道与通航安全和涉水工程正常运行等基本无不利影响或不利影响较小区域，规划中可具体选取布设采区的重点河段或采区密集河段

第二节 河道采砂规划编制

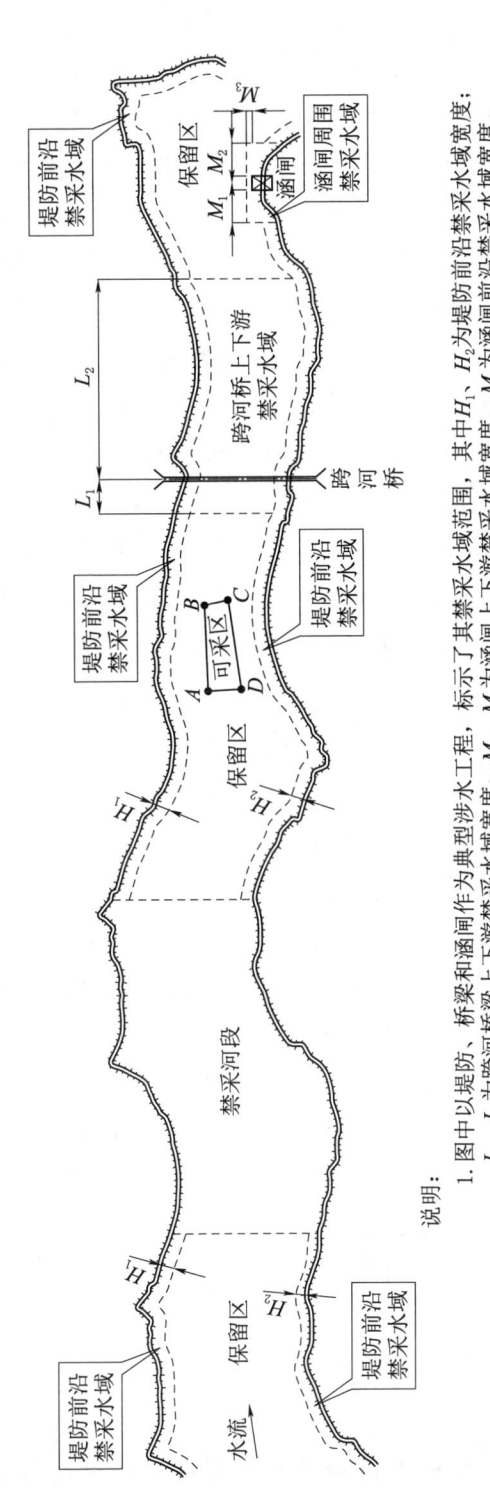

说明：
1. 图中以堤防、桥梁和涵闸作为典型涉水工程，标示了其禁采水域范围。其中 H_1、H_2 为堤防前沿禁采水域宽度；L_1、L_2 为跨河桥梁上下游禁采水域宽度；M_1、M_2 为涵闸上下游禁采水域宽度，M_3 为涵闸周边禁采水域宽度。
2. 禁采河段为跨河桥梁上下游突出、生态保护区、集中式饮用水源保护区等河段，或采砂相关影响难以掌控的河段，如国家及省级自然保护区、集中式饮用水源保护区等河段。
3. 可采区为河道中允许采砂的区域，范围相对较小，以坐标点进行控制。图中 A、B、C、D 为可采区控制点，古河道的大部分范围。
4. 禁采水域和可采河段、禁采河段、保留区之外的区域均为保留区。

图 6—1　禁采水域、禁采河段、可采区、保留区相互关系示意

进行采砂影响分析。

规划中应进行环境影响评价，重点就规划协调性、对水环境的影响、对水生态影响、对生态敏感区影响进行分析，并提出环境保护对策措施。

4. 规划实施管理及年度采砂实施方案编制

对规划的可采区应明确提出年度实施的管理要求。在对采砂管理现状、存在的主要问题进行调查分析的基础上，提出完善采砂管理的措施。采区许可前，县级以上地方人民政府水行政主管部门和流域管理机构应根据实际情况需要依据河道采砂规划组织编制年度采砂实施方案。国家确定的重要江河、湖泊的主要河段以及流域管理机构直接管理河道的年度采砂实施方案，由县级以上地方人民政府水行政主管部门或流域管理机构按照管理权限组织编制，报上级水行政主管部门批准实施或者由流域管理机构实施。其他江河、湖泊的年度采砂实施方案，由县级以上地方人民政府水行政主管部门编制，报上级水行政主管部门批准实施。

三、规划实施管理

（一）禁采区管理

禁采区是河道管理范围内禁止采砂的区域，落实禁采区全年禁采要求是一项重要而艰巨的任务。县级及以上人民政府及流域管理机构应当将采砂规划确定的禁采区和禁采期予以公告。县级及以上水行政主管部门可以根据本行政区域内河流的水情、工情、汛情、航道变迁和管理等需要，在规划确定的禁采区、禁采期外增加禁采范围、延长禁采期限，报本级人民政府决定后公告。

县级以上水行政主管部门应加大禁采区的普法和宣传；加强巡查和暗访，保持举报渠道畅通，接受媒体、公众对禁采区非法采砂活动进行监督，及时掌握非法采砂活动的动态和规律；坚持日常监管与专项集中打击相结合，始终保持对非法采砂的高压严打态势，加强对非法采、运砂行为的源头综合治理，确保禁采管理的良好秩序。

（二）可采区管理

1. 合理利用可采区砂石资源

各级水行政主管部门应结合本行政区域实际情况，对具备实施条件的可采区，积极支持和组织开展采砂活动，合理利用可采区砂石资源，支持沿江地区高质量发展；对实施条件发生重大变化不宜采砂的可采区，不得组织开展采砂活动。

2. 严格执行年度采砂实施方案制度

年度采砂实施方案（可行性论证报告）是采砂许可的重要依据，相关水行政主管部门应严格执行该项制度。对需要按照市场机制确定开采权的采砂，其年度采砂实施方案由负责管理开采区的水行政主管部门组织编制；对其他的采砂，其年度采砂实施方案由申请采砂的单位、个人按要求编制。编制单位应严格按照可采区规划确定的各项控制指标，开展相关工作，不得超过规划确定的控制指标。

3. 严格执行采砂审批许可制度

年度采砂实施方案应当由具有采砂审批许可权限的水行政主管部门进行审查。相关水行政主管部门在审批年度采砂实施方案时应严把技术审查关，合理确定可采区的各项实施指标。对砂源不足或者管理状况不好的可采区应根据具体情况实施隔年许可或者停止许可。对年度采砂实施方案审查通过的可采区，依法实施采砂许可，并发放河道采砂许可证。负责审批发放采砂许可证的水行政主管部门应依法依规做好与相关管理部门的沟通协调工作。涉及航道的，应当征求交通部门的意见，涉及其他部门的，应当征求相关部门的意见。

4. 河道砂石采运管理单制度

2019年，水利部、交通运输部印发《关于长江河道采砂管理实行砂石采运管理单制度的通知》，要求在长江干流河道内的采、运砂船舶及从其他支流（湖泊）进入长江干流的运砂船舶应严格贯彻执行砂石采运管理单制度。对依法办理了采砂许可证的可采区，负责采砂现场监管的主管部门，应根据运砂船舶每艘次实际承运情况，出具砂石采运管理单。各级水行政主管部门在日常巡查或联合执法检查中应检查其砂石采运管理单或砂石转运（过驳）证明，发现未持有砂石采运管理单或转运（过驳）证明从事砂石运输的，或者砂石采运管理单或转运（过驳）证明与实际情况明显不符的，又不能提供其砂石合法来源证明的，按属地管理原则交地方人民政府给予处罚。

第六章　河道采砂管理

2023年，水利部、交通运输部印发《关于推行河道砂石采运管理单制度的通知》，明确河道砂石采运管理单是证明河道砂石来源合法的有效凭证，全国依法开采的河道范围内的砂石，其运输、过驳、装卸、堆存等，实行河道砂石采运管理单制度。

（三）保留区管理

保留区作为禁采区和可采区之间的缓冲区，根据河势条件等变化和采砂管理需要，在一定的条件下其部分水域可转化为禁采区，也可转化为可采区，保留区未启用之前应按照禁采区管理的相关规定实施管理。

规划期内，对河势航道条件发生恶化、新建涉水工程设施或新设立生态环境敏感区的河段（或水域），可将该河段（或水域）所在的保留区转化为禁采区。保留区转化为禁采区后，应按照禁采区管理要求进行管理。

规划期内，可采区因实施条件发生较大变化而无法实施开采时，各地可根据本地相关规定，可以进行保留区转化的，经充分论证和有关部门批准后可以将保留区内部分区域转化为可采区，用于替代无法实施的可采区。

第三节　河道采砂许可管理

根据《中华人民共和国水法》《长江河道采砂管理条例》等法律法规规定，国家实行河道采砂许可制度。河道采砂许可制度是加强河道采砂管理，保障河道采砂秩序规范有序，防止滥采乱挖，维护河流健康，促进经济社会高质量发展的重要措施。本节主要介绍河道采砂许可的程序、方式及砂石利用项目审批管理。

一、河道采砂许可程序

河道采砂许可必须严格按照《中华人民共和国行政许可法》的有关要求进行。其基本程序为：申请与受理、审查与决定，其中涉及对许可的期限、是否进行听证，以及许可内容的变更和延续等相关规定（图6-2）。

第三节 河道采砂许可管理

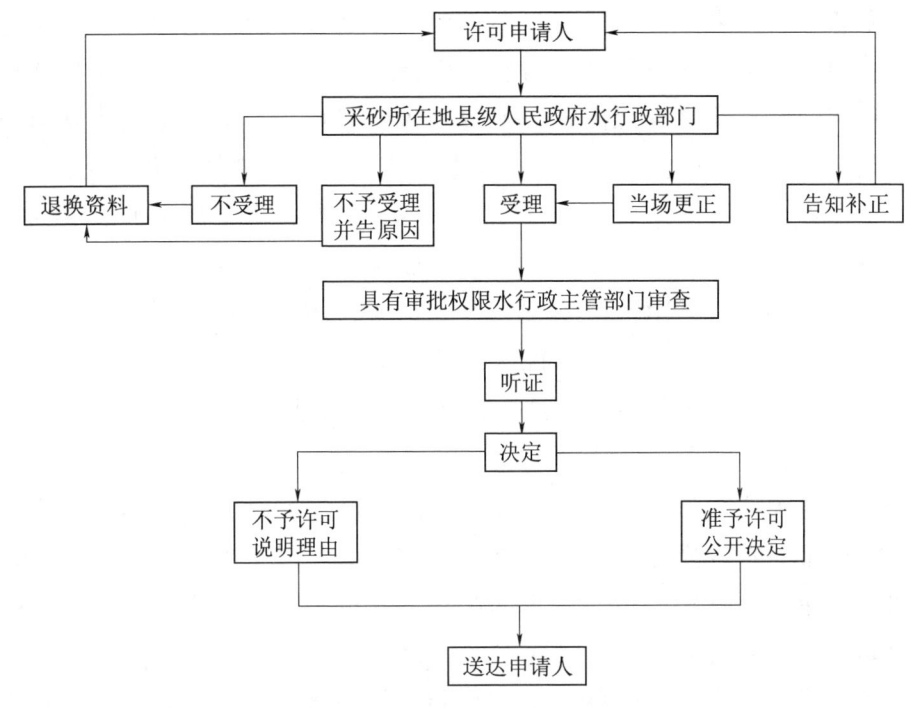

图 6-2 河道采砂许可办理流程

（一）申请

主管部门在办理申请时，应要求从事采砂活动的单位和个人提供真实有效的基本材料。

申请材料包括采砂许可申请书；营业执照的复印件及其他相关材料；采砂申请人与第三方达成的协议或有关文件。其中，采砂申请书应当包括下列内容：申请单位的名称、企业代码、地址、法定代表人或者负责人姓名和职务，申请个人的姓名、住址、身份证号码；采砂的性质和种类，开采地点和范围；开采时间；开采量；采砂作业的设备、数量；控制开采高程和作业方式；砂石堆放地点和弃料处理方案；采砂设备的基本情况；采砂作业技术人员基本情况；其他有关事项。凡申请进行水上采砂作业的，申请书还要包括船名（船号）、船主姓名、采砂设备功率等内容，并提供船舶证书和船员证书的复印件。

申请人提出河道采砂许可申请，应当按照有关要求如实向水行政主管部门提交有关材料和反映真实情况，并对其申请材料实质性内容的真实性负责。有关水行政主管部门不得要求申请人提交与其申请的河道采砂许可事项无关的资料和其他材料。申请人可以委托代理人向采砂所在地县级以上水行政主管部门提出河道采砂许可申请。河道采砂申请可以通过信函、电报、电传、传真、电子数据交换和电子邮件等方式提出。

县级以上水行政主管部门应当将法律、法规、规章规定的有关河道采砂许可的事项、依据、条件、数量、程序、期限以及需要提交的全部材料的目录和申请书示范文本等在办公场所公示。申请人要求有关水行政主管部门对公示的内容予以说明、解释的，有关水行政主管部门应当予以说明、解释，为其提供准确、可靠的有关信息。

（二）受理

申请事项依法不需要取得行政许可的，应当即时明确告知申请人其所申请的事项不需要行政许可；申请事项依法不属于本行政机关职权范围内的，应当即时作出不予受理的决定，并以书面形式告知申请人；申请材料存在可以当场更正的错误的，应当允许申请人当场更正；申请材料不齐全或者不符合法定形式的，应当当场或者在5日内一次告知申请人需要补正的全部内容；申请事项属于本行政机关职权范围，申请材料齐全、符合法定形式，或者申请人按照本行政机关的要求提交全部补正材料的，应当受理行政许可申请；行政机关受理或者不受理行政许可申请，应当出具加盖本行政机关专用印章和注明日期的书面凭证。

（三）审查

按照河道管理权限，一般由县级人民政府水行政主管部门（河道主管机关）受理审查，需由上级水行政主管部门审批许可的，逐级上报审查。

1. 初审

申请人提交的申请材料由县级人民政府水行政主管部门对申请材料的实质性内容进行核实。对申请材料齐全、符合法定形式的，自受理申请之日起，在规定的时间内完成初审，提出是否符合审批发证条件的初审意见，并决定是否报送市级人民政府水行政主管部门审查。不予上报的，应当在作出不予上报决定之日起的规定时间内以书面形式通知申请人，并说明理由。初审意见通过的，县级人民政府水行政主管部门以书面形式通知申请人。

2. 审查

市级人民政府水行政主管部门对县级人民政府水行政主管部门的初审意见进行审查，在规定时间内提出是否符合审批发证条件的意见并决定是否报送省级人民政府水行政主管部门。不予上报的，应当在作出不予上报决定之日起规定时间内以书面形式通知初审的县级人民政府水行政主管部门，并说明理由。决定上报的，将审查意见和相关材料报省级人民政府水行政主管部门审批。

3. 审批

省级人民政府水行政主管部门收到市级人民政府水行政主管部门的审查意见后，将对采砂许可作出批复，并在规定时间内通知市级人民政府水行政主管部门，最终由受理申请的县级人民政府水行政主管部门将河道采砂许可证送达申请人。

审查工作由有关水行政主管部门逐级进行，上级水行政主管部门不得要求申请人重复提供申请材料。在审查过程中，有关水行政主管部门发现行政许可事项直接关系他人重大利益的，应当告知该利害关系人。申请人、利害关系人有权进行陈述和申辩。有关水行政主管部门应当听取申请人、利害关系人的意见。

（四）决定

省级人民政府水行政主管部门应在法定的期限内按照规定的程序作出采砂许可决定；申请人的申请符合法定条件和标准的，省级人民政府水行政主管部门应当依法作出书面决定；作出不予许可决定的，应当说明理由，并告知申请人享有依法申请行政复议或者提起行政诉讼的权利；作出准予许可决定的，应当向申请人颁发河道采砂许可证；作出采砂许可决定，应当予以公开。

（五）监管

详见本章第四节。

（六）期限

按照《中华人民共和国行政许可法》的有关要求，除可以当场作出行政许可决定的外，行政机关应当自受理行政许可申请之日起二十日内作出行政许可决定。二十日内不能作出决定的，经本行政机关负责人批准，可以延长十日，并应当将延长期限的理由告知申请人。但是，法律、法规另有规定的，依照其规定。行政许可采取统一办理或者联合办理、集中办理的，办理时间不得超过四十五日；四十五日内不能办结的，经本级人民政府负责人批准，可以延长十五日，并应当将延长期限的理由告知申请人。

《长江河道采砂管理条例》规定，长江水利委员会或者沿江省、直辖市人民政府水行政主管部门应当自收到申请之日起三十日内予以审批；不予批准的，应当在作出不予批准决定之日起七日内通知申请人，并说明理由。

（七）听证

有关法律、法规、规章规定，实施行政许可应当听证的事项，或者有关行政机关认为需要听证的其他涉及公共利益的重大行政许可事项，有关行政机关应当向社会公告，并举行听证。行政许可直接涉及申请人与他人之间重大利益关系的，行政机关在作出行政许可前，应当告知申请人、利害关系人享有要求听证的权利；申请人、利害关系人在被告知听证权利之日起五日内提出听证申请的，行政机关应当在二十日内组织听证。而且申请人、利害关系人不承担行政机关组织听证的费用。听证应按规定的程序进行：行政机关应当于举行听证的七日前将举行听证的时间、地点通知申请人、利害关系人，必要时予以公告；听证应当公开举行；行政机关应当指定审查该行政许可申请的工作人员以外的人员为听证主持人，申请人、利害关系人认为主持人与该行政许可事项有直接利害关系的，有权申请回避；举行听证时，审查该行政许可申请的工作人员应当提供审查意见的证据、理由，申请人、利害关系人可以提出证据，并进行申辩和质证；听证应当制作笔录，听证笔录应当交听证参加人确认无误后签字或者盖章。行政机关应当根据听证笔录，作出行政许可决定。

（八）变更与延续

被许可人要求变更行政许可事项的，应当向作出行政许可决定的行政机关提出申请；符合法定条件、标准的，行政机关应当依法办理变更手续。

二、河道采砂许可方式

当前，河道砂石的开采运营管理模式主要有"招标、拍卖、挂牌"模式、统一经营管理模式和政府主导的采售分离模式等。

（一）"招标、拍卖、挂牌"模式

依据《中华人民共和国行政许可法》，通过市场化机制实施许可，采取公开拍卖或招标方式进行河道砂石开采权的出让，中标人组建砂石公司，对中标河段的采砂实施经营管理，相关水行政主管部门行使河道采砂的日常执法监督管理。

从实践来看，"招标、拍卖、挂牌"模式主要存在以下几方面问题：①恶意竞拍扰乱市场。采砂业主之间恶意竞争，通过在招标中垄断开采权，哄抬价格扰乱砂石正常市场秩序。②公共利益受损。私营企业为了追求利益最大化，忽略生态环境与河湖保护，乱挖乱采，乱堆乱弃，超深超范围开采，导致部分河道"千疮百孔"、河床下陷，严重影响河势稳定、行洪安全，加大了生态环境与河湖保护压力。同时为节约运输成本，普遍存在运砂超载的问题，严重影响路桥安全，易引发交通事故。③采砂管理难度大。"招标、拍卖、挂牌"模式下，在河道砂石资源丰富的地区，不同河段的开采与经营权归属不同私营企业，河砂经营管理监管点多、线长、面广，河砂管理成本高、覆盖难度大。获得合法采砂许可的私营企业和非法采砂户混在一起，辨别难度大，对中标私营企业超量开采存在监管难、打击难等问题，非法采砂行为难以取证、难以定性、难以入罪，政府打击震慑效果难以保证。

（二）统一经营管理模式

政府相关主管部门将河道砂石开采权许可给政府独资或控股的国有企业，按照"政府主导、国企运作、多元参与"的模式，对河道砂石开采、销售实行"统一经营、统一管理"的模式。比如，江西省九江市于2009年5月明确鄱阳湖采砂实行"统一组织领导、统一开采经营、统一规费征收、统一协调执法、统一利益分配"的管理模式。安徽省六安市于 2019 年实行河道砂石资源统一经营管理，组建具有独立法人资格的砂石开采经营国有企业，负责河道砂石资源统一采、运、销经营管理，采砂船及机具、运输砂石车辆实行"三统一"（统一登记、统一编号、统一标识）。重庆市合川区和万州区将砂石资源开采、经营权授予国有平台公司，具体负责"开采—运输—加工—销售"管理。

（三）政府主导的采售分离模式

政府建立采砂统一管理领导小组，水利、交通（海事）、国土、公安（边防）等有关部门共同参与，河道砂石开采经营管理办公室负责统一管理辖区内所有河道砂石开采与管理活动，国有企业分别承担河砂开采与销售经营。如河南省信阳市采取"统一经营，采销分离"模式。以河南信阳市罗山县为例，2018 年 10 月 15 日，罗山县人民政府印发《关于进一步加强河道采砂管理实施方案（试行）》，规定河砂开采权只许可给国有公司，私人资本仅限于为国有公司提供采砂劳务服务，开采量、开采区域、开采方式，均由水行政主管部门统一规划、统一部署、统一管理，从源头上斩断河砂开采的利益链。围绕"人、车、船"三个基本要素和"采、运、销"三个关键环节加强现场监管，创新建立了"罗山县智慧河砂监管平台"，形成了河砂开采的"六有"（有电子围栏、有出入卡口、有冲淋设施、有地磅、有自动计费和有电子监控系统）、"六定"（定时间、定地点、定范围、定方量、定船只、定功率）新标准，实现对河砂开采全方位、全过程实时监管，有效解决了越界开采、超量开采、超时作业、超载运输等违规问题。

从目前实践看，河道砂石的开采与经营管理大多在从"招标、拍卖、挂牌"模式转为政府统一经营模式。其优势在于：①经济效益方面，政府统一经营管理有利于保障砂石资源经营收入收归政府，遏制河砂开采销售的偷漏税。②生态效益方面，政府统一经营管理下，能够严格按照规划、有序开采、严格禁采，规范采砂作业方式，及时平复河道，在采运销各环节严格执行生态环境有关规定标准，有效维护河势健康和生态环境。③社会效益方面，政府统一经营管理能斩断非法采砂利益链，铲除地方黑恶势力从事砂石非法开采经营的土壤，有利于打击囤积砂石、漫天要价，稳定砂石市场，保障民生工程用砂，维护社会稳定。

2019年《水利部关于河道采砂管理工作的指导意见》和2020年国家发展改革委等15部门《关于印发〈关于促进砂石行业健康有序发展的指导意见〉的通知》等文件，从政策层面鼓励和支持实行河砂的统一开采管理。2021年5月，国务院印发《国务院关于深化"证照分离"改革进一步激发市场主体发展活力的通知》，在中央层面设立的涉企经营许可事项改革清单中，针对河道采砂许可事项，明确提出鼓励和支持河砂统一开采管理，将各地探索的实践经验，上升为重要的政策依据。

（四）疏浚砂综合利用项目审批

河道疏浚砂（以下简称疏浚砂）指在河流、湖泊、水库、人工水道等管理范围内实施涉水工程建设或维护性清淤疏浚项目所产生的砂、石和土的总称。疏浚砂需要上岸综合利用的，需履行相关审批手续。疏浚砂综合利用坚持政府主导、部门联动，国有资源、统一处置，重点保障、统筹利用，严格监管、规范实施的原则，地方县级以上人民政府为疏浚砂综合利用项目实施和管理的责任主体，应当依法依规确定疏浚砂综合利用实施主体。疏浚砂综合利用项目审批和监管应严格按照国家和地方有关规定进行，由于规定存在一定差异，总体归纳如下。

1. 编制疏浚砂综合利用方案

实施疏浚砂综合利用项目应编制疏浚砂综合利用方案，方案主要内容应包括项目背景（疏浚的必要性），疏浚工程方案，疏浚砂综合利用需求分析，综合利用实施方案，监管方案等内容，重点就疏浚的必要性和规模，综合利用实施和监管方案进行论述。方案应征求交通运输、航道、自然资源、林业、公安、农业农村等相关部门的意见。

2. 项目审批

县级以上人民政府或水行政主管部门组织将疏浚砂综合利用方案随申报文件逐级向有审批权的地方人民政府或上级水行政主管部门申报，有审批权的地方人民政府或上级水行政主管部门按照行政审批相关要求组织技术专家和相关部门开展技术审查，重点审查疏浚项目合法性、砂石利用必要性和砂石利用方案及监管方案。有审批权的地方人民政府或水行政主管部门根据技术审查意见作出审批决定，并向社会公开。

（五）公益类采砂项目审批

公益类采砂项目指因整修堤防进行吹填固基或整治河道、航道需要采砂的。因整修堤防进行吹填固基或整治河道采砂的，应当提交采砂申请和采砂可行性论证报告（方案），并附具工程设计和审批文件等相关材料，经相关人民政府水行政主管部门审查后，报有审批权的上级水行政主管部门批准。因整治航道采砂的，应征求相关水行政主管部门意见，并提供航道整治采砂可行性论证报告（方案）、设计和审批文件及其他相关资料。

第四节　河道采砂监管与执法

河道采砂监管包括落实河道采砂管理责任制、河道采砂现场监管和日常巡查等。《中华人民共和国水法》《中华人民共和国防洪法》等法律法规为河道采砂执法提供了明确依据。通过加强采砂监管与执法，确保河道的稳定、防洪安全、通航安全、重要水工程设施的安全，维护沿岸群众生产生活的正常秩序，保护采砂者的合法权益。

一、河道采砂监管

（一）河道采砂管理责任制落实

河道采砂管理实行地方行政首长负责制，每年应明确省、市、县三级河长责任人、政府责任人、水行政主管部门责任人、采砂现场监管责任人、采砂执法责任人名单，并通过官方网站、官方微信公众平台或主流报刊向社会公告。应依据职责细化明确采砂管理具体任务，完善采砂管理责任体系。要强化监督考核问责，以严格考核和激励约束推动各级责任人抓好采砂管理责任制的落实。

（二）河道采砂现场监管

河道采砂现场监管可以采取执法人员旁站式现场监管、利用高科技手段进行远程监控和购买第三方服务等方式。河道范围内经许可的采砂作业均应纳入现场监管范围，包括许可采区、疏浚砂综合利用项目、公益类采砂项目等。现场监管对象主要是被审批许可的采砂业主（组织或个人）的采砂行为，监管其是否按法律法规及实施方案实施采砂作业。

河道采砂现场监管人员可以在现场监管过程中采取下列监管措施：查验采运砂船舶或机械相关证件、证书；检查询问；指挥调度；安装技术监控设备；拍照录像、调查取证；责令整改；暂扣采运砂船舶或机械相关证件；暂扣采运砂船舶或机械。

许可采区现场监管流程包括：查验船舶或其他机械证件；查看采运砂船舶或机械停泊（放）情况；复查作业水域；跟踪监督检查；采砂现场开具采运管理电子或纸质票据；运砂船目的地查验或收取采运单凭证；填写监管报表；填写监管日志；查处违法违规采砂行为；上报监管情况等。港口码头疏浚项目现场监管流程及河道疏浚砂综合利用现场监管流程类似。

（三）河道采砂日常巡查

河道采砂日常巡查可以采取明查、暗访、利用高科技手段进行远程巡查等方式。河道采砂日常巡查的主要任务和要求包括：巡查人员巡查时发现非法采砂行为，要立即采取相应处置措施，并由有管辖权的水行政主管部门依照相关法律法规进行处罚；日常巡查时，要把沿江（河）两岸砂场作为巡查的一项重要内容，检查沿岸设立的砂场是否符合水域岸线管理规划、是否经相关主管部门审批、砂场设置与审批地点是否一致等。对于不符合上述要求的非法砂场，要依照相关规定及时查处；巡查人员要做好日常巡查记录，认真填写巡查日志，对巡查时间、巡查河段、发现问题、处理措施等作出详细记录。

（四）河道采砂监管信息化监管

各级水行政主管部门应进一步加强采砂监控系统建设，采用视频监控、电子围栏、开采高程控制系统及电子采运管理单等信息化手段，加强对采砂现场的监管。

二、河道采砂执法

（一）法律依据

河道采砂执法的依据主要是国家的法律和有关法规、政策等。具体包括：《中华人民共和国宪法》《中华人民共和国水法》《中华人民共和国防洪法》《中华人民共和国水土保持法》《中华人民共和国矿产资源法》《中华人民共和国长江保护法》等法律；《中华人民共和国河道管理条例》《中华人民共和国防汛条例》《中华人民共和国航道管理条例》《中华人民共和国内河交通安全管理条例》《长江河道采砂管理条例》等行政法规；水利部印发的《水行政处罚实施办法》《水政监察工作章程》及交通运输部印发的《水上水下施工作业通航安全管理规定》等部门规章；地方性法规和省级地方国家行政机关根据法律、法规和同级地方性法规制定的地方性管理规章等。

（二）强制措施

1. 责令停止违法行为，恢复原状

《中华人民共和国水法》第65条规定，在河道管理范围内从事影响河势稳定、危害河岸堤防安全和其他妨碍河道行洪的活动，由县级以上地方人民政府水行政主管部门或者流域管理机构依据职权，责令停止违法行为，限期恢复原状。

《长江河道采砂管理条例》第19条规定，未按照河道采砂许可证规定的要求采砂的，由县级以上地方人民政府水行政主管部门或者长江水利委员会依据职权，责令停止违法行为，没收违法开采的砂石和违法所得，并处违法开采的砂石货值金额1倍以上2倍以下的罚款；情节严重或者在禁采区、禁采期采砂的，没收违法开采的砂石和违法所得以及采砂船舶和挖掘机械等作业设备、工具，吊销河道采砂许可证，并处违法开采的砂石货值金额2倍以上20倍以下的罚款，货值金额不足10万元的，并处20万元以上200万元以下的罚款；构成犯罪的，依法追究刑事责任。

2. 责令纠正违法行为或者采取补救措施

《中华人民共和国防洪法》第55条第二项规定，在河道、湖泊管理范围内从事影响河势稳定、危害河岸堤防安全和其他妨碍河道行洪的活动，由县级以上地方人民政府水行政主管部门或者流域管理机构责令其停止违法行为，排除阻碍或者采取其他补救措施。

《中华人民共和国河道管理条例》第44条第四项规定，未经批准或者不按照河道主管机关的规定在河道管理范围内采砂、取土、淘金、弃置砂石的，由县级以上地方人民政府河道主管机关责令其纠正违法行为、采取补救措施。

3. 责令停止开采作业

《中华人民共和国行政许可法》第81条规定，公民、法人或者其他组织未经行政许可，擅自从事依法应当取得行政许可的活动的，行政机关应当依法采取措施予以制止，并依法给予行政处罚；构成犯罪的，依法追究刑事责任。

《中华人民共和国长江保护法》第91条规定，违反本法规定，在长江流域未依法取得许可从事采砂活动，或者在禁止采砂区和禁止采砂期从事采砂活动的，由国务院水行政主管部门有关流域管理机构或者县级以上地方人民政府水行政主管部门责令停止违法行为，没收违法所得以及用于违法活动的船舶、设备、工具，并处货值金额二倍以上二十倍以下罚款；货值金额不足十万元的，并处二十万元以上二百万元以下罚款；已经取得河道采砂许可证的，吊销河道采砂许可证。

（三）行政处罚

河道采砂水行政处罚是指各级水行政主管部门、流域管理机构依照法律、法规和规章的规定，对公民、法人或者其他组织违反河道采砂管理秩序，但未构成犯罪的行为实施的一种惩戒或者行政制裁的具体行政行为。它是水行政处罚的一种。河道采砂行政处罚的主体，一是县级以上地方人民政府水行政主管部门；二是流域管理机构。河道采砂行政处罚有以下几种。

1. 警告、通报批评

警告、通报批评是指行政机关对违反行政管理法律规范的公民、法人或者其他组织的谴责和告诫，是以影响违法行为人声誉为内容的处罚。其目的是通过对行为人精神上的惩戒，使其认识到本身的违法行为，而不再违法。

《中华人民共和国河道管理条例》第44条第四项规定，未经批准或者不按照河道主管机关的规定在河道管理范围内采砂、取土、淘金、弃置砂石或者淤泥的，由县级以上地方人民政府河道主管机关给予警告。

2. 罚款、没收违法所得、没收非法财物

罚款是指行政机关强制违反行政法律规范的公民、法人或者其他组织在一定期限内向国家交纳一定数量货币的处罚形式，其目的就是使违法行为人在经济上受到损失，从而警示其以后不再违法。没收非法所得是指行政机关将违反行政法律规范的公民、法人或者其他组织违法所得的收入强制收归国有的一种处罚形式。

《中华人民共和国防洪法》第55条第二项规定，在河道、湖泊管理范围内从事影响河势稳定、危害河岸堤防安全和其他妨碍河道行洪的活动，县级以上人民政府水行政主管部门或者流域管理机构可以处5万元以下的罚款。

《中华人民共和国河道管理条例》第44条针对未经批准或者不按照河道主管机关的规定在河道管理范围内采砂、取土、淘金、弃置砂石的，作出了相应规定。

3. 限制开展生产经营活动、责令停产停业、责令关闭、限制从业

《长江河道采砂管理条例》第19条规定，违反本条例规定，未按照河道采砂许可证规定的要求采砂的，由县级以上地方人民政府水行政主管部门或者长江水利委员会依据职权，责令停止违法行为。

4. 暂扣许可证件、吊销许可证件

《长江河道采砂管理条例》第19条第二项规定，虽持有河道采砂许可证，未按照河道采砂许可证规定的要求采砂的，情节严重或者在禁采区、禁采期采砂的，由县级以上地方人民政府水行政主管部门或者长江水利委员会依据职权，吊销河道采砂许可证。

5. 行政拘留

行政拘留是指对违反治安管理但不构成犯罪的人给予的最严厉的处罚，属于行政处罚的一种。行政拘留的最高期限为15天，有两种以上违反治安管理的，合并执行的最高期限是20天，期满释放，如果对拘留不服的可以提起行政复议或行政诉讼。限制人身自由的行政处罚权只能由公安机关和法律规定的其他机关行使。

《中华人民共和国治安管理处罚法》第50条规定，阻碍国家机关工作人员依法执行职务的，处警告或者二百元以下罚款；情节严重的，处五

日以上十日以下拘留，可以并处五百元以下罚款。

《中华人民共和国治安管理处罚法》第52条规定，伪造、变造或者买卖国家机关、人民团体、企业、事业单位或者其他组织的公文、证件、证明文件、印章的；买卖或者使用伪造、变造的国家机关、人民团体、企业、事业单位或者其他组织的公文、证件、证明文件的，处十日以上十五日以下拘留，可以并处一千元以下罚款；情节较轻的，处五日以上十日以下拘留，可以并处五百元以下罚款。

6. 没收用于违法活动的船舶、设备、工具

《中华人民共和国长江保护法》第91条规定，违反本法规定，在长江流域未依法取得许可从事采砂活动，或者在禁止采砂区和禁止采砂期从事采砂活动的，由国务院水行政主管部门有关流域管理机构或者县级以上地方人民政府水行政主管部门责令停止违法行为，没收违法所得以及用于违法活动的船舶、设备、工具，并处货值金额二倍以上二十倍以下罚款；货值金额不足十万元的，并处二十万元以上二百万元以下罚款；已经取得河道采砂许可证的，吊销河道采砂许可证。

（四）行政处罚程序

除依法可以依照简易处罚的案件外，其他水事案件均应按照水行政处罚普通程序处理。河道采砂水行政处罚普通程序的实施步骤：①核查。水行政执法人员查明案件来源和相应的材料，制作《调查询问笔录》。②立案。填制《行政案件立案呈批表》。③调查取证。证据包括书证、物证、视听资料、电子数据、证人证言、当事人的陈述、鉴定意见、勘验笔录、现场笔录等。证据必须经查证属实，方可作为认定案件事实的根据。以非法手段取得的证据，不得作为认定案件事实的根据。河道采砂管理中应视情况需要制作《现场检查笔录》《调查询问笔录》《证人证言笔录》《抽样取证材料、物品登记表》《证据先行登记保存材料、物品登记表》。④整理案件材料。制作《行政案件调查终结报告》，报水行政处罚主体领导审批。⑤水行政处罚主体领导审批《行政案件调查终结报告》。⑥告知处罚事实、理由及依据。制作《行政处罚事先告知书》，送达当事人。行政处罚决定书应当在宣告后当场交付当事人；当事人不在场的，行政机关应当在七日内依照《中华人民共和国民事诉讼法》的有

关规定,将行政处罚决定书送达当事人。当事人同意并签订确认书的,行政机关可以采用传真、电子邮件等方式,将行政处罚决定书等送达当事人。⑦当事人陈述。制作《陈述、申辩笔录》(当事人放弃陈述或者申辩权利的除外)。⑧视情况决定是否告知当事人听证权。⑨作出处罚决定。制作《行政处罚决定书》送达当事人,当事人填写《送达回证》。《行政处罚决定书》中必须告知当事人享有行政诉讼权、行政复议权。⑩执行并填制《行政案件结案审查表》。

(五)刑事处罚情形

《中华人民共和国刑法》第343条规定,违反矿产资源法的规定,未取得采矿许可证擅自采矿,擅自进入国家规划矿区、对国民经济具有重要价值的矿区和他人矿区范围采矿,或者擅自开采国家规定实行保护性开采的特定矿种,情节严重的,处三年以下有期徒刑、拘役或者管制,并处或者单处罚金;情节特别严重的,处三年以上七年以下有期徒刑,并处罚金。

根据最高人民法院最高人民检察院关于办理非法采矿、破坏性采矿刑事案件适用法律若干问题的解释,就非法采砂刑事案件适用法律的主要解释条款如下:

具有下列情形之一的,应当认定为刑法第343条第一款规定的"未取得采矿许可证":

(1)无许可证的。

(2)许可证被注销、吊销、撤销的。

(3)超越许可证规定的矿区范围或者开采范围的。

(4)超出许可证规定的矿种的(共生、伴生矿种除外)。

(5)其他未取得许可证的情形。

实施非法采矿行为,具有下列情形之一的,应当认定为刑法第343条第一款规定的"情节严重":

(1)开采的矿产品价值或者造成矿产资源破坏的价值在十万元至三十万元以上的。

(2)在国家规划矿区、对国民经济具有重要价值的矿区采矿,开采国家规定实行保护性开采的特定矿种,或者在禁采区、禁采期内采矿,开采的矿产价值或者造成矿产资源破坏的价值在五万元至十五万元以上的。

（3）二年内曾因非法采矿受过两次以上行政处罚，又实施非法采矿行为的。

（4）造成生态破坏严重损害的。

（5）其他情节严重的情形。

实施非法采矿行为，具有下列情形之一的，应当认定为刑法第343条第一款规定的"情节特别严重"：

（1）数额达到前款第一项、第二项规定标准五倍以上的。

（2）造成生态环境特别严重损害的。

（3）其他情节特别严重的情形。

在河道管理范围内采砂，具有下列情形之一，符合刑法第343条第一款和本解释第二条、第三条规定的，以非法采矿罪定罪处罚：

（1）依据相关规定应当办理河道采砂许可证，未取得河道采砂许可证的。

（2）依据相关规定应当办理河道采砂许可证和采矿许可证，既未取得河道采砂许可证，又未取得采矿许可证的。

实施前款规定行为，虽不具有本解释第三条第一款规定的情形，但严重影响河势稳定，危害防洪安全的，应当认定为刑法第343条第一款的"情节严重"。

第七章 河口管理

河口是河流的重要组成部分，具有泄洪纳潮、保障供水、排涝灌溉、航运交通、生态服务等重要功能。近年来，我国不断加强河口治理保护，取得显著成效，为经济社会发展和生态环境改善提供了有效保障。本章重点介绍我国河口管理概况，河口治理保护的目标任务、主要措施以及我国河口治理保护工程典型案例。

第一节 河口管理概述

《中华人民共和国水法》《中华人民共和国防洪法》《中华人民共和国长江保护法》《中华人民共和国河道管理条例》等相关法律法规、部门规章，明确了长江、黄河、珠江、海河、辽河、钱塘江等主要河口的管理主体和责任。通过加强河口地区涉水事务管理、推进河口综合整治工程等措施，我国河口管理成效显著。

一、河口基本情况

（一）河口定义和功能

河口为河流终点，即河流注入海洋、湖泊、水库或其他河流的地方，因而有入海河口、入湖河口、入库河口和支流河口等类型。通常所说的河口主要是指入海河口，又称感潮河口，潮汐影响所及的河段称为河口区。河口区可分为河流近口段、河口段和口外海滨段，如图7-1所示。河流近口段又称河流段，通常是指潮区界和潮流界之间的河段。河口段一般上起潮流界，下迄河口口门。也有把河口三角洲干流的分汊点或三角港的顶点作为河口段上界，下界口门位置根据河口两侧海岸线或岛屿前缘的连线确定。口外海滨段主要是指从河口段的海边到滨海浅滩外界之间的部分。口外海滨主要受外海的潮流和风浪动力控制。

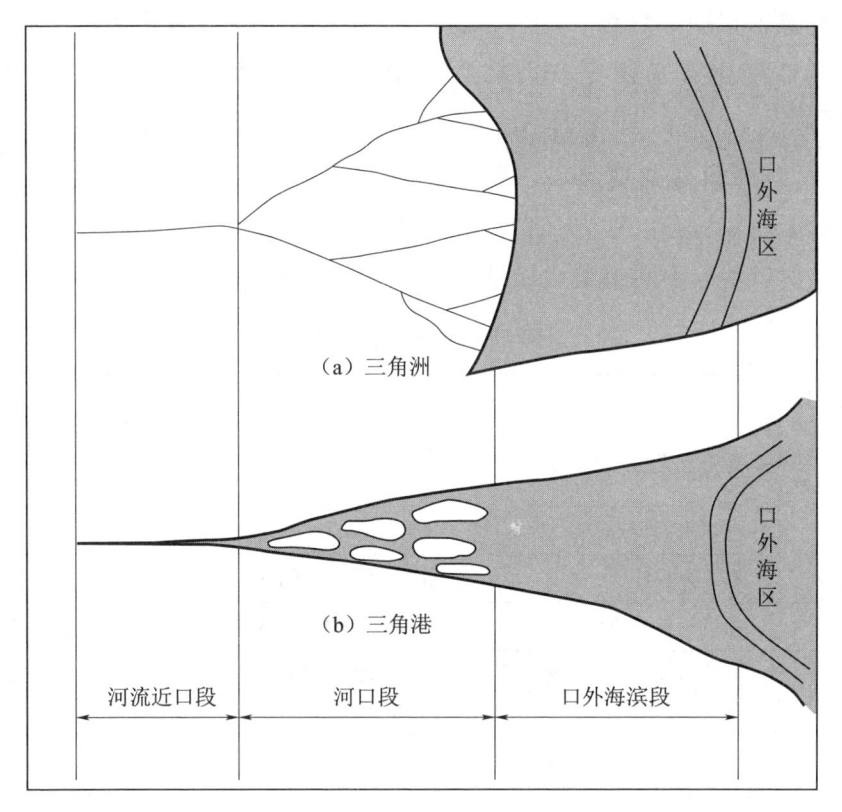

图 7-1 河口区分段示意

河口作为河流与海洋的交汇地带，在泄洪纳潮、保障供水、排涝灌溉、航运交通、生态服务等方面具有重要功能。①泄洪纳潮功能。河口是河流的尾闾，承担着流域洪水宣泄入海的任务，同时接纳潮汐吞吐以稳定河势。行洪纳潮保安全功能是河口最基本的功能，也是最需要维护的功能。②保障供水功能。通常河口地区经济发达，人口稠密，用水总量需求大。如珠江河口地区供水以河道型水源为主，取水口绝大多数布设于西江、北江、东江干流。③排涝灌溉功能。河口地区地势相对低平，潮位周期性涨落为农田灌溉和涝水排放提供了有利条件。农田灌溉常利用短时间高水位所带来的淡水进行引水（俗称偷淡），排涝则是利用落潮低潮位时进行抢排。④航运交通功能。河口是河海水路交通的咽喉，内连河流腹地，外通海洋，独特的自然条件成就了海运和"江海联运"，支撑了地方经济快速发展。⑤生态服务功能。河口区域存在大量湿地资源,在调节气候、涵养水源、控制土壤侵蚀、净化环境、维持生物多样性和生态平衡等方面均具有十分重要的作用,有"自然之肾"之称。

(二) 河口类型划分

依据地貌形态、动力（含潮汐、能量）、盐度、发育过程以及综合指标等,河口划分不同类型,详见表7-1。

表7-1　　　　　　　　　　河口分类指标及类型

分类标准	分类指标	河口类型
地貌形态	地形分类法	沉溺河谷、峡湾、沙坝河口,其他:里亚式、盲河口等
	河口平面形态	三角港河口、三角洲河口
潮汐	潮差分类法	弱潮河口、中潮河口、强潮河口
盐度	盐度结构分类法	高度成层型、部分混合型、垂直均匀混合型
动力	河流、波浪、潮汐动力相对强弱	波浪优势型河口、潮汐优势型河口、河流优势型河口
	单位质量水体能量消散速度与其获得的势能之比	高度分层型河口、部分混合型河口、充分混合型河口
综合指标	山潮比、河流平均含沙量	河口湾型河口、过渡型河口、三角洲型河口
	盐度分层参数与环流参数结合	高度分层型河口、部分混合型河口、充分混合型河口

(三) 河口数量及分布

中国大陆海岸线北起鸭绿江口,南至中越交界北仑河口,总长1.8万km,加上岛屿岸线,共计3.2万km。海岸线上有大小不同类型的河口1800多个,其中大部分分布在渤海、黄海、东海、南海四海沿岸,以东海和南海沿岸最多。我国各海域沿岸的河口分布状况见表7-2。

表7-2　　　　　　　　　　入海河口的分布状况

海域		渤海	黄海	东海	南海	太平洋海域	总计
河口的分布	河口数量/个	249	165	711	704	50	1879
	占河口总数/%	13.25	8.78	37.84	37.46	2.67	100.0

续表

海　域		渤海	黄海	东海	南海	太平洋海域	总计
流域面积	面积/km²	1335910	334132	2044098	585637	11760	4311537
	占流域总面积/%	30.98	7.75	47.42	13.58	0.27	100.0
多年平均入海径流量	径流量/亿 m³	801.49	561.45	11699.3	4821.81	268.37	18152.42
	占入海总水量/%	4.42	3.09	64.45	26.56	1.48	100.0
多年平均入海输沙量	输沙量/万 t	120881	1467	63060	9592	6375	201375
	占入海总沙量/%	60.03	0.73	31.31	4.76	3.17	100.0

(四) 我国主要河口概况

1. 长江河口

长江河口上起徐六泾，下至口外 50 号灯标，全长约 181.8km。徐六泾断面河宽约 4.7km，口门宽约 90km，河口为"三级分汊、四口入海"的扇形格局。徐六泾以下由崇明岛将长江分为南支、北支，南支在吴淞口外由长兴岛及横沙岛分为南港、北港，南港在横沙岛尾右侧被九段沙分为南槽、北槽，形成北支、北港、北槽和南槽共四个入海通道。长江河口是一个丰水、多沙、中等潮汐强度的分汊河口。据 1950—2019 年资料统计，大通站多年平均流量为 28300m³/s，径流量为 8953 亿 m³。三峡水库蓄水后（2003—2019 年）多年平均输沙量 1.32 亿 t，多年平均含沙量 0.148kg/m³。长江口多年平均潮差为 2.05~2.22m。

2. 黄河河口

黄河河口一般指以山东省东营市垦利县宁海为顶点，北起徒骇河口，南至支脉河（也称支脉沟）口之间的扇形地域，陆地面积约 6000km²，大致包括 1855 年黄河在兰考铜瓦厢决口改道夺大清河入渤海以来入海流路改道摆动的范围。黄河河口是一个水少沙多、摆动频繁的弱潮河口。根据利津水文站实测资料（1950—2005 年）统计，进入黄河河口地区多年平均水量、沙量分别为 320 亿 m³、8.01 亿 t，平均含沙量 25kg/m³。黄河河口入海流路变动性较强，1855 年铜瓦厢决口改道夺大清河以来，在河口地区大的改道有 9 次，小的摆动有 50 多次。黄河河口区沿岸潮差分布，以神仙沟口外 M_2 分潮"无潮点"区为最小，平均 0.4~0.8m，向两个海湾里，潮差逐渐增大，呈"马鞍形"，沿岸平均潮差 0.73~1.77m。

3. 珠江河口

珠江河口是三角洲河网和河口湾并存的河口，地理范围包括西、北江思贤滘以下的西北江三角洲、东江石龙以下的东江三角洲，下界东起香港九龙尖沙咀、西至广东省江门台山鹅头颈。珠江河口水系复杂，三角洲河网密度高达 $0.72km/km^2$，西、北、东江水沙流入三角洲后经由虎门、蕉门、洪奇门、横门、磨刀门、鸡啼门、虎跳门、崖门等八大口门入海。珠江河口具有"三江汇流、八口分流、河网密布"的特点。珠江河口属丰水、少沙、弱潮型河口。据 1959—2019 年实测资料统计，进入珠江河口多年平均径流量为 2989 亿 m^3。珠江是我国七大江河中含沙量最小的河流，西江高要站、北江石角站、东江博罗站断面多年平均含沙量分别为 $0.288kg/m^3$、$0.127kg/m^3$、$0.104kg/m^3$。珠江河口八大口门平均潮差 0.87~1.64m，其中虎门潮差最大、磨刀门最小。

4. 海河河口

海河是华北地区的最大水系，海河流域入海河口大约有 62 个，主要河口有 12 个，其中海河口、永定新河口和独流减河口是最重要的入海河口。海河河口位于天津市境内渤海湾西岸，是分泄海河流域南系大清河、北系永定河洪水和天津市区涝水入海的尾闾。海河河口是一个水少、中等潮汐强度的淤泥质河口。海河闸 1959—2002 年多年平均入海径流量为 14.53 亿 m^3。海河河口平均潮差为 2.43m。河口地区淤泥土层极厚，泥沙粒径较小。

5. 辽河河口

辽河河口位于辽宁省辽河平原南端，渤海辽东湾顶部，其范围东起大清河河口，西至小凌河河口。区域内自东向西有大辽河口、辽河口（双台子河口）、大凌河口等三大河流独立入海口门。大辽河和双台子两大河流多年平均入海水量近 90 亿 m^3，大凌河为 16.48 亿 m^3，大清河为 2.66 亿 m^3。营口四道沟水文站平均潮差为 2.71m，属中潮河口。一般年份，辽东湾顶部 11 月中下旬结冰，翌年 3 月中旬终冰，冰期 80~130 天。辽东湾顶部东岸附近，流冰漂流的平均速度为 51cm/s，最大速度可达 87cm/s 左右，是我国结冰海区中平均漂流速度和极值速度最大区域。

6. 钱塘江河口

钱塘江河口河道总长 291km，其中富春江大坝至闻家堰 77km 为近口段，闻家堰至澉浦 116km 为河口段，澉浦至南汇嘴 98km 为口外海滨段（杭州湾）。钱塘江河口是典型喇叭状河口湾。钱塘江河口是典型的强潮河口，潮强流急，涌潮汹涌。澉浦最大潮差 8.93m，为我国河口之最。在尖山下游附近形成涌潮，遇塘岸突出或丁坝阻挡时，可壅高 10m，翻越塘顶。涌潮之雄伟与多姿多态，堪称世界之最。

二、河口管理相关要求

（一）法律法规规定

河口管理所依据的法律法规及部门规章包括《中华人民共和国水法》《中华人民共和国防洪法》《中华人民共和国长江保护法》《中华人民共和国河道管理条例》《河道管理范围内建设项目管理的有关规定》等。为加强对河口整治开发活动的管理，保障流域区域的水安全，发挥河口综合功能，相关河口也制定了相应的地方性法规和规章制度，见表 7-3。

表 7-3　　　　河口管理依据的法律法规及部门规章

河口	法律法规、部门规章及地方性法规
长江	《中华人民共和国长江保护法》《上海市滩涂管理条例》
黄河	《黄河河口管理办法》
珠江	《珠江河口管理办法》《广东省河口滩涂管理条例》
海河	《海河独流减河永定新河口管理办法》
辽河	《辽宁省河道管理条例》
钱塘江	《浙江省钱塘江管理条例》

（二）管理体制机制

根据《中华人民共和国长江保护法》《上海市滩涂管理条例》《辽宁省河道管理条例》，长江口、辽河口水利管理实行流域管理与区域管理相结合的体制。根据《黄河河口管理办法》，黄河水利委员会及其所属的黄河河口管理机构按照规定的权限，负责黄河河口黄河入海河道管理范围内治理开发活动的统一管理和监督检查工作。根据《珠江河口管理办法》，珠江河口整治开发实行水行政统一管理和分级管理相结合的管理体制。珠江河口整治开发活动由水利部珠江水利委员会和广东省人民政府水行政主管部门按照划定的权限实施监督管理。根据《海河独流减河永定新河河口管理办法》，海河水利委员会负责三河口治理、开发和保护活动的统一监督管理。天津市人民政府水行政主管部门按照办法规定的权限，负责永定新河河口治理、开发和保护活动的监督管理。根据《浙江省钱塘江管理条例》，浙江省水行政主管部门是钱塘江河道的主管机关。设区的市、县（市、区）人民政府水行政主管部门按照规定的职责负责本行政区域内钱塘江河道的管理工作。

三、河口管理成效

（一）河势总体维持稳定

长期以来，我国通过加强河口地区涉水事务管理、推进河口综合整治工程，以控制节点分流、改善水流条件，引导河口的有序延伸，有效维护了河口滩槽稳定。如长江口稳定了南、北港和南、北槽的分流口，总体维护了"三级分汊、四口入海"的形态格局；黄河口制定清水沟流路，保障上游来水宣泄至渤海湾；珠江口规划治导线对河口泄洪纳潮通道布局作出了合理安排，维持了各口门水沙分配及河口湾"三滩两槽"格局。

（二）防洪（潮）排涝能力显著提升

防洪（潮）排涝方面，我国因地制宜实施清、退、拦、导、疏等综合整治工程，增强口门泄洪能力；建设加固堤防，提高抵御洪潮能力；建设泵站并维护河口低水环境，提升区域排涝能力。如珠江口通过泄洪整治、区域堤防达标加固和涉水项目管控，畅通了尾闾，提高了区域防洪（潮）标准，维持了伶仃洋和黄茅海两个河口湾低水环境，便于三角洲涝水排出；钱塘江口进行了两次系统加固海塘，实现了60年无重大洪潮灾害。

（三）供水安全得到有效保障

供水安全方面，通过采取束窄河口、建设挡潮闸、设立丁坝、开展调水压咸潮和节水蓄水等措施，有效抑制咸潮上溯，保障了区域供水安全。如长江口严格控制了污染物的入河排放总量，束窄北支中下段的河宽，减轻了北支的纳潮量及咸潮入侵的影响，保障了区域用水。珠江口采用丁坝、调水压咸等，控制咸潮上溯，保障区域供水。海河口防潮闸建设使海河干流"咸淡分家"，控制了咸水入侵，配合跨流域输水工程，保障了区域的供水。

（四）航道条件明显改善

河口通江连海，有先天性优越的通航条件，航道的开发与治理一直伴随着河口的发展。河口河势的维持和尾闾的畅通，使得河口的航道条件有所改善。如长江口深水航道治理工程实施，使得深水航道向上游延伸，航道条件得到明显改善。珠江三角洲及河口已经形成"三纵三横三线"高等级航道网为核心的内河航道和以广州港、深圳港等沿海港口进港航道为核心的沿海航道。

（五）生态环境持续向好

河口是海陆生态交错的区域，良好的生态环境是动植物生长的温床，保护生态环境有利于生态多样性的维持。通过控制入河排污总量，加强岸线滩涂保护，河口整体生态环境得到了持续保障。如黄河口成立黄河三角洲国家级自然保护区，保护区域生物多样性，维持区域生态平衡，保持了中国最完整、最广阔、面积最大的新生湿地生态系统。珠江口通过遏制湿地开发活动，保护了南沙、淇澳岛等湿地生态系统。钱塘江口注意防护林地、湿地开发的规模和速度，保持滩地动态平衡，维持候鸟迁徙、重要鱼类繁衍生产、生物多样性的生态系统。

（六）为区域经济发展提供支撑

我国河口在开发与治理的同时，兼顾了文化遗产的保护，使得历史古迹得以保留。同时结合旅游业的发展，因地制宜塑造水景观，推动了河口的文旅产业融合与发展。如黄河三角洲自然保护区被国际湿地保护机构授予"国际重要湿地"称号并颁发了证书，提供良好的河口旅游资源。珠江河口南沙湿地公园在保护同时，也作为旅游资源，为珠三角提供湿地观赏风光。钱塘江口治理后，保护了潮涌景观和约40km的明清老海塘文物资源，形成了稳定适宜的观潮地点，同时使得观潮点和潮景的选择都更为丰富多样，把水利旅游、休闲、文化建设相结合，为群众提供更加丰富的生活体验。

第二节 河口治理保护

河口治理保护对维护和恢复河口的生态环境，保障水资源的安全，促进经济社会的可持续发展，具有重要的现实意义。推进持久水安全、优质水资源、健康水生态、宜居水环境的现代化河口水安全保障体系建设，构建人水和谐的幸福河口，已成为新阶段河口治理保护的新目标。

一、河口治理保护重要性

（一）河口保护的重要性

河口通江达海，位置重要，功能多元，加强治理保护十分重要。从维护生态平衡来看，河口地区是许多珍稀和濒危物种的重要栖息地，保护河口有助于维护生物多样性，促进生态系统的健康和稳定。从保障水资源安全来看，河口地区是淡水与海水交汇的地方，对于调节区域水资源平衡、维护河口生态需水量和生态水位具有重要意义；通过水利工程措施，如合理调度水库、修建导流堤等，可以防止河口淤积，提高河口地区的防洪排涝能力，保障水资源安全。从促进经济社会可持续发展来看，我国长江、黄河、珠江、钱塘江、海河、辽河等入海河口地处沿海开放前沿，也是我国经济最发达、人口最集中的地区，长江经济带、粤港澳大湾区、京津冀等三大城市群均位于河口地区，做好河口保护工作，将有力支撑长江经济带、长江三角洲区域一体化、黄河流域生态保护和高质量发展、粤港澳大湾区、京津冀协同发展等重大国家战略实施。

（二）河口保护的形势和要求

长江、黄河、珠江、钱塘江、海河、辽河等入海河口经过多年治理和保护，水系格局基本稳定。但受气候变化和人类活动影响，各流域水情、工情均发生较大的变化，河口地区新老水问题相互交织，防洪潮形势发生了显著变化，河势稳定、岸线滩涂保护等呈现新情势。我国正处

第二节 河口治理保护

在全面建成小康社会、实现第一个百年奋斗目标之后，进入全面建设社会主义现代化国家的新发展阶段。水资源是经济社会发展的基础性、先导性、控制性要素，新发展阶段、新发展理念、新发展格局对河口保护提出了新的要求。

河口地区水安全与人民群众的生命健康、生活品质、生产发展息息相关。河口保护要坚持以人民为中心的发展思想，进一步提升河口地区持久水安全、优质水资源、健康水生态、宜居水环境的保障能力，让人民群众有更多、更直接、更实在的获得感、幸福感、安全感。随着长江经济带、黄河流域生态保护和高质量发展、长江三角洲区域一体化、粤港澳大湾区、京津协同发展等重大国家战略实施，河口地区将迎来新一轮快速发展，必须秉承"人民至上、生命至上"理念，进一步提高河口防潮泄洪能力、河口供水保障能力以及水资源供给的保障标准、保障能力、保障质量。

经过多年治理，河口地区总体稳定，但仍有局部河势不稳，泄洪防潮形势依然严峻。如受流域采砂、侵占河道、航道建设等人类活动影响，导致河道河床不均衡下切、滩涂发育速率减缓、局部浅滩侵蚀、拦门沙萎缩、局部滩槽格局发生改变等，影响河口自身健康稳定。受气候变化的影响，近年台风暴潮、短时暴雨等极端天气频发，设计潮位有不断抬高的趋势，风暴潮灾害已成为河口地区水安全面临的严峻挑战。此外，由于过去对水生态环境的重要性认识不足，污水排放导致水质下降，过度利用、围垦开发等人类活动的干预导致部分河滨带生态空间被挤占，滩涂湿地、岸线生态功能退化，河口生态系统重要生境和水生生物资源天然繁育场丧失。要针对这些问题，深挖根源、找准病因，系统治理，采取更加精准务实的举措加快解决。

近年来，受全球气候变化影响，局地强降雨、超强台风等极端天气事件频发，突发灾害明显增多。京津冀协同发展、长江经济带、粤港澳大湾区、长江三角洲区域一体化、黄河流域生态保护和高质量发展等重大国家战略的深入推进，对水安全保障提出了更高要求。要统筹发展与安全，树牢底线思维，增强风险意识，摸清河口地区泄洪防潮、供用水、水生态保护等各环节的风险底数，有针对性地固底板、补短板、锻长板。

同时，提升河口地区现代化管理水平，完善监测预警体系，动态掌握并及时更新河口保护信息，提高预报、预警水平，提前规避风险、制定预案；加强事中事后监管，增强防范化解风险能力。

二、河口治理保护目标任务

按照京津冀协同发展、长江经济带、粤港澳大湾区、长江三角洲区域一体化、黄河流域生态保护和高质量发展等总体战略部署，以及"共同抓好大保护、协同推进大治理"的要求，聚焦薄弱环节和关键短板，推进持久水安全、优质水资源、健康水生态、宜居水环境的现代化河口水安全保障体系建设，构建人水和谐的幸福河口。

（一）河口保护的目标

（1）河口河势保持稳定。稳定和改善河口基本格局，潮汐通道和滩槽稳定，泄洪纳潮通畅。

（2）防洪（潮）排涝能力全面增强。河口防洪（潮）重点薄弱环节全面消除，区域防潮能力全面提升，重点地区防洪潮和排涝能力达到规划标准。

（3）水资源供给保障能力显著提高。坚持节水优先，水资源高效利用体系基本形成，水资源优化配置，城乡人民生活供水安全和重大战略区、能源基地、粮食生产功能区等重点区域供水得到有效保障。

（4）生态环境明显好转。生态需水有效保障，河口岸线节约集约利用，滩涂湿地有效保护，河口水域岸线保护带形成，重要水生态系统保护与修复成效显著。

（二）河口保护的任务

（1）构建和谐稳定的河势控导体系。科学控导口门延伸方向和主支汊分流，改善和稳定口门河势，保护重要水沙通道，维持河口湾稳定的动力环境。

（2）构筑安全可靠的洪潮灾害防御体系。提升海堤防潮标准，完善河口防潮体系，增强防洪潮能力；综合采用清障、退堤、导流、开卡等措施，提升口门泄洪能力；加强灌排工程体系建设，提升重点区域灌排能力。

（3）构筑节约高效的水资源供给保障体系。建立水资源刚性约束制度，推动河口地区水资源利用方式向集约节约转变，提高水资源利用效率和效益，进一步完善区域水资源配置格局，提高重点经济区和城乡人民生活供水保障能力。

（4）构建生态健康的岸线滩涂与水资源保护体系。实施岸线滩涂分区管控，强化岸线滩涂节约集约利用，推进岸线滩涂保护、修复与生态海堤建设，改善河口水生态环境，加强河口饮用水水源地保护，强化水资源保护。

（5）构建现代化的智慧河口管理体系。提高河口管理信息化能力，创新河口地区协调管理机制，强化管理制度实施，加快转变传统监管方式，加强事中事后监管，提高监管服务质量和效率。

三、河口治理保护主要措施

（一）构建河势控导体系

河势控导体系是系统保障口门、主支汊、河口湾河势稳定和保护水沙通道畅通的治理体系，河势控导既要从宏观上把握各河口的总体河势变化规律，尊重自然演变，因势利导，又要反映防洪潮安全、生态环境保护和航运发展等方面需要。主要措施包括：划定治导线、河道整治、落实水工程建设规划同意书制度、加强河道管理范围内建设项目建设方案审查等。治导线是根据出海河道演变发展的自然规律，合理确定河口延伸方向，保持河口稳定，畅通尾闾，加大泄洪、纳潮、输沙能力的河口水系总体布局控制线，是河口河势控导和管理的基本依据。河道整治主要通过疏浚河道、护滩潜堤、围堤工程等工程措施改善河宽、固定沙体、护岸保滩等，以改善和控制河口地区的河势发展。落实水工程建设规划同意书制度、加强河道管理范围内建设项目审查等措施，确保水工程建设和河道管理范围内建设项目符合规划治导线要求，禁止河口涨潮与输沙通道围填，保障涨潮和输沙通道顺畅，严控跨越通道的涉河建筑物阻水，以保障口门、主支汊、河口湾河势稳定和保护水沙通道畅通。

（二）构筑洪潮灾害防御体系

河口洪潮灾害防御体系包括防潮、泄洪和抑咸三部分。防潮体系包括工程措施和非工程措施。工程措施主要是海堤建设，非工程措施主要包括涉水建设项目的洪水影响评价、台风暴潮增水与影响范围的监测预报预警，沿海防潮风险图、河口地区防潮工程管理与监测等手段。泄洪整治措施包括依据治导线控制人类活动对河道的影响，维持其排洪能力，采取清障、退堤、导流、疏浚等整治工程措施，加大口门排洪能力、改善水流条件，维护河口顺畅。长江口、珠江口等受咸潮威胁的河口还需采取咸潮防控措施，主要包括水量调度和挡潮闸、挡咸潜坝、拦门沙、水幕以及水下拍门等工程措施。

（三）构建水资源供给保障体系

构建水资源供给保障体系包括建立水资源刚性约束制度、供水工程和引调水工程建设、水源地保护和地下水保护等。建立水资源刚性约束制度，主要是落实最严格水资源管理制度，建立水资源刚性约束指标体系，严格用水过程管理，大力推进农业农村节水、工业节水，全面推进节水型城市建设，健全节水机制，推动全社会节水，切实提高水资源利用效率和效益，以水资源可持续利用支撑河口地区高质量发展。供水工程和引调水工程建设措施主要是在统筹考虑河口地区水资源承载能力与经济社会发展布局的基础上，建设水源工程和必要的引调水工程，完善河口地区水资源配置体系，促进水资源空间均衡，提高水资源统筹调配和供给保障能力。水源地保护主要是通过划定水源地保护区、污染隐患排查、隔离警示等措施，保护和提升饮用水水源地水质。地下水保护主要是通过实行禁采限采、调整农业结构、地表水置换等措施，逐步实现地下水采补平衡，加强地下水利用与保护。

（四）构建水生态保护体系

河口水生态保护体系主要包括生态需水保障、岸线滩涂保护、生态海堤建设、水生生境保护和水环境保护等内容。生态需水保障主要是通过加强水资源统一调度管理、实施生态补水和加强重点断面生态流量监测等手段保障生态用水需求。岸线滩涂保护主要是对岸线滩涂实行分区管控和岸线滩涂修复工程措施。河口岸线空间和滩涂空间均分为保护区、保留区和控制利用区三个功能区。保护区要根据保护目标有针对性地进行管理，严格按照相关法律法规规定，规划期内禁止建设可能影响保护目标实现的建设项目；保留区规划期内原则上暂不开发；控制利用区管理重点是严格限制建设项目类型和控制其开发利用方式与强度。必要时，采取生态补水措施恢复滩涂和湿地。生态海堤建设措施指海堤工程设计在满足防潮标准的前提下，避免或尽可能减少工程建设对河流和海岸生态系统的影响，为实现人水和谐创造条件。水生生境保护措施主要包括采取渔政管理、增殖放流、限制水电开发、加强生态监测等。水环境保护主要包括污染物总量控制和主要控制断面生态流量控制等。

（五）构建现代化河口管理体系

构建现代化河口管理体系的主要措施包括提升管理信息化水平、深化河口管理等。提升管理信息化水平主要通过大力推进物联网、云计算、移动互联网、大数据、人工智能、遥感遥测、区块链等新技术与河口管理业务的深度融合，为河口管理提供全面有效的信息化支撑。深化河口管理重点是严格按照相关法律法规和规划落实河口保护各项工作，健全河口涉水生态空间管控制度，加强河口建设项目监管和采砂管理等。

第三节　河 口 规 划 编 制

河口规划是河口整治、保护和开发的总体部署，是各类整治开发活动和管理的基本依据。河口规划的意义在于为河口地区的发展提供全面的空间安排和指导，确保资源的合理利用和保护，以及推动河口地区的高质量发展。为贯彻落实重大国家战略、保障经济发展需求，河口规划编制应坚持习近平总书记"节水优先、空间均衡、系统治理、两手发力"治水思路，坚持高水平保护、高效能治理、高质量发展的规划理念，以建设"稳定、安全、生态、智慧"的幸福河口为目标，系统谋划河口保护与治理新格局。本节以长江口、黄河口、珠江口为例，介绍典型河口综合整治开发规划的历程、目标和主要内容。

一、长江口综合整治开发规划

长江口河道宽阔、洲滩众多、水流动力条件复杂，河道冲淤多变。近几十年来，我国有关规划设计、科研单位和高等院校对长江口进行了

第七章 河口管理

多学科的系统研究。1988年，水利电力部上海勘测设计研究院提出了以北港入海航道整治为重点的《长江口综合开发整治规划要点报告》；1997年，水利部上海勘测设计研究院提出了《长江口综合开发整治规划要点报告》。1998年、1999年大水后，长江口的河势出现了较大调整和变化。2001年水利部安排长江水利委员会组织开展了《长江口综合开发整治规划要点报告》修订工作，形成《长江口综合整治开发规划》，并于2008年获国务院批准。

（一）规划目标

规划总体目标是通过工程措施和非工程措施，稳定和改善河势，逐步改善航道条件及淡水资源开发利用条件，保障防洪（潮）安全，合理开发水土资源，加强环境保护和生态建设，实现多目标综合整治。

规划近期目标是基本稳定南支上段河势，初步形成相对稳定的南、北港分流口，稳定分流态势；减缓北支淤积速率；减轻北支咸潮倒灌南支，改善南支淡水资源开发利用条件；在深水航道治理工程的基础上，通过加强管理措施，并辅以必要的工程措施，分阶段地使深水航道向上游延伸，适时启动白茆沙水道整治工程，适当改善北港、南槽及北支的通航条件，满足近期航运发展对航道建设的需要；加快防洪工程和排灌工程建设步伐，达到近期防洪（潮）及排灌规划标准；对淡水水源地和自然保护区进行重点保护，初步抑制长江口局部水域水质恶化和生态环境衰退的趋势；结合河势控制工程，改善岸线利用条件，合理开发新的岸线资源；适度圈围滩涂，基本满足社会经济发展对土地资源的迫切需求；基本完成长江口水文水质站网建设任务，初步构建长江口地区水利信息化系统框架。

规划远期目标是进一步稳定白茆沙河段北岸边界，使七丫口段逐步成为新的人工节点，进一步稳定和改善南北港分流口及北港的河势；在适当情况下，考虑实施北支下段建闸或其他可行方案，以消除北支咸潮倒灌对南支淡水资源开发利用的影响；结合河道整治及滩涂圈围，辅以航道整治工程措施，进一步改善北港、南槽及北支的航道条件，达到远期航道建设标准；促进河口地区生态环境进一步改善，以支撑地区经济社会的可持续发展；全面达到长江口地区的防洪（潮）及排灌规划标准；

基本建成较为完善的长江口地区水利信息化系统。

(二) 规划内容

针对长江口地区经济社会发展新形势，以及加强长江口整治开发和保护的需要，在认真分析长江口演变规律和总结治理开发经验教训的基础上，补充提出了长江口岸线规划、生态环境保护规划意见和非工程措施规划；深化了河势控制规划、南北支综合整治规划、航道规划、淡水资源开发利用规划、湿地保护与滩涂开发利用规划、防洪（潮）及水利排灌规划等，规划成果可为促进长江口综合整治工程的实施和水土资源开发利用提供基本依据。

1. 河势控制总体规划

河势控制总体规划是控制长江口河道平面形态、主流线走向和主要汊道分流形势，包括治导线规划、河道整治工程规划、滩涂圈围规划及护岸保滩工程规划等。规划的主要任务是研究有利于河势稳定，有利于航道稳定，有利于岸线、淡水资源开发利用和滩涂资源可持续利用，有利于沿江国民经济设施的正常运行，有利于生态环境保护的河势控制总体方案。

2. 南支综合整治规划

南支整治是以控制河势、稳定航道为重点，结合圈围、供水、防洪、维护优良生态环境等国民经济各部门的要求，实现南支河道整治工程的目标，保持长江口三级分汊的基本格局；控制分流口，稳定分流通道；固定暗沙，防止主槽的大幅摆动；控制洪水期落潮主流流向，缩窄河宽，加大落潮流速。

3. 北支综合整治规划

北支综合整治目标为减轻或消除北支水沙盐倒灌南支，为淡水资源的开发利用创造有利条件；减缓北支淤积萎缩速率，维持北支的引排水功能，并为远期进一步整治创造条件；逐步改善北支通航条件，以支撑地区经济社会的可持续发展；结合整治，合理开发北支滩涂资源，满足地方经济发展对土地资源的迫切需求。

4. 航道规划

白茆沙河段规划在白茆沙体上布置鱼骨坝；三沙河段在河势控制工

程实施后，需注意新浏河沙包的变化；北港河段规划对拦门沙河段进行航道治理，南槽航道规划期内基本维持现状，北支航道采取必要的疏浚措施，维持航道尺度。

5. 水资源保护规划

规划提出采取工程措施和非工程措施保护长江口水资源。工程措施主要包括提高沿江城市污水处理水平、加强工业污染控制、实施排污口整治工程、加强面源污染控制和流动污染源控制以及通过实施水工程合理调度维持河口生态环境用水等。非工程措施主要包括强化水资源保护监督管理、积极推进节水型经济和节水型社会建设、建立和完善水资源保护投入机制以及加强宣传教育、提高全民的水资源保护意识等。

6. 防洪潮规划

规划江苏省长江口堤防近期防洪潮标准为"长流规"标准，远期防洪潮标准为100年一遇高潮位遇11级风；上海市宝山区、浦东新区近远期防洪潮标准为200年一遇高潮位遇12级风，其余堤段近远期均为100年一遇高潮位遇11级风。根据最新设计潮位资料复核各堤段堤顶高程，提出了规划实施意见。

7. 生态环境保护规划

在分析了长江口重要保护对象的基础上，提出生态环境保护总体目标是保护长江口生物多样性（包括物种多样性、生境多样性、基因多样性等），在保护好现有的各类自然保护区、水源地基础上，维护长江口生态完整性。

二、黄河口综合治理规划

20世纪50年代以来，围绕黄河河口治理开展了大量科研和规划工作。50年代，主要开展了河口尾闾历史调查和查勘工作。60—70年代，在对河口基本情况和流路演变基本规律进行研究的基础上，根据防洪、油田开发等要求，开展了河口防洪、防凌、有计划改道、水资源利用等规划工作。80年代以来，随着黄河三角洲地区经济的持续发展和石油的大规模勘采以及河口地区、黄河下游防洪、防凌的需要，开展了河口观测、科研、规划等工作。90年代以来，有关河口演变规律、河口治理措施、生态环境保护、河口陆海相互作用等问题的研究相继列入"八五""九五"国家重点科技攻关项目、国家自然科学基金项目、"973"重大基础研究项目、"863"高技术研究项目等国家研究课题，取得一系列相关研究成果。

1989年，在黄河水利委员会有关部门、胜利石油管理局的配合下，黄河水利委员会勘测规划设计研究院完成了《黄河入海流路规划报告》，1992年获得国家计委批准。1993年由黄河水利委员会山东河务局编写了《黄河入海流路治理一期工程项目建议书》，1996年获得国家计委批准。1997年按照水利部的安排，黄河水利委员会勘测规划设计研究院开展了黄河河口治理规划，2000年提出《黄河河口治理规划报告》。但随着黄河来水来沙的不断变化和小浪底水库2000年的投入运用，黄河河口地区出现了一些新的情况。进入21世纪，河口地区经济社会的快速发展，对黄河河口综合治理开发提出了越来越高的要求。2004年9月，水利部批复要求对《黄河河口治理规划（2000年版）》按照新形势新情况进行修订，重点是补充生态环境保护规划，完善修订水资源综合利用规划、黄河入海流路及防洪防潮规划等。2008年11月完成《黄河河口综合治理规划》。

（一）规划目标

近期目标是稳定清水沟流路，充分利用其行河潜力，河口河段达到防御设防流量洪水的能力，保障河口地区防洪安全。以黄河现行流路附近淡水湿地需水、河口洄游鱼类需水和入海生态基流保证为重点，优化配置水资源，黄河正常来水年份保证利津断面非汛期最小生态流量，对现行流路淡水湿地进行修复，初步遏制三角洲生态恶化趋势。合理安排生活、生产和生态用水，强化节水，进一步开源，通过南水北调东线一期工程供水，有效缓解东营市经济社会发展水资源短缺问题。按照50年一遇标准，基本建成黄河以北潮河—挑河岸段防潮工程。初步建立符合黄河河口实际的综合治理管理体制和机制，加强备用流路管理。

远期目标是控制清水沟流路淤积延伸速率和河床抬高速率，稳定清水沟流路。通过加强用水管理及生态调度，提高黄河河口生态需水的保障程度，在确保防洪安全的前提下，对自然保护区部分非沿河湿地进行相机补水，建立河口生态与环境监测系统，促进河口湿地生态良性维持；

第七章 河口管理

进一步提高灌溉水利用系数和工业用水重复利用率。基本建成黄河河口三角洲防潮工程体系。建立符合黄河河口实际的黄河河口综合治理管理体制和机制。

远景目标是有计划地改汊和改走备用流路，充分利用南水北调西线入黄水量和海洋动力，有效控制河口淤积延伸对下游河道淤积的不利影响。在流域水资源配置条件改善的同时，增加入海水量的保证程度，改善黄河三角洲和近海海域的生态状况，三角洲生态系统健康得到明显修复，逐步实现良性循环与可持续利用。通过南水北调东线三期工程供水，基本解决东营市经济社会发展水资源短缺问题。

（二）规划内容

规划在以往工作基础上，对黄河河口入海流路、防洪、防潮、水资源利用保护、生态环境保护进行了全面规划，对黄河河口地区生态环境需水量、河口海洋动力输沙能力、管理体制和法制建设、河口淤积延伸对黄河下游河道的反馈影响等关键技术问题进行了深入研究。

1. 总体布局

在黄河河口三角洲地区，选择清水沟、刁口河、马新河及十八户流路作为今后黄河的入海流路；按照 $10000 \text{m}^3/\text{s}$ 防洪标准进行清水沟流路防洪工程建设；建成黄河河口三角洲防潮工程体系；优化黄河生态用水配置，优先满足河道基流及保护区湿地生态用水，逐步满足河口海域生态需水，逐步恢复三角洲自然保护区湿地生态系统，实现河口生态系统的良性维持；合理安排生产、生活、生态用水，通过节约、开源、保护、优化等综合措施，为黄河三角洲高效生态经济建设提供水资源保障；认真落实《黄河河口管理办法》，依法加强河口综合治理及备用流路的管理。

2. 河口入海流路规划

规划清水沟、刁口河、马新河及十八户流路作为今后黄河的入海流路，规划期主要使用清水沟流路行河，并尽可能保持稳定和维持较长期使用，进行刁口河湿地生态补水，清水沟流路行河完成后优先启用刁口河备用入海流路，马新河和十八户作为远景可能的备用流路，加强多条流路同时行河方案研究。规划清水沟、刁口河流路河口河段划定为岸线保护区；马新河、十八户流路划定为岸线控制利用区。

3. 清水沟流路防洪工程规划

按照设防标准，对堤防高度、强度不能满足规划水平年设防标准的堤段予以加高加固，对险工进行改建加固，结合挖河疏浚淤背加固堤防，对清7断面以上河段加强河道整治工程建设，稳定河势，维持中水河槽，加强防洪非工程措施和工程管理。

4. 河口地区防潮规划意见

规划采用刁口河流路完全开敞、马新河流路半开敞、十八户维持现状作为防潮工程总体布局方案。刁口河、马新河流路的口门预留宽度原则上与现行清水沟流路的口门宽度一致。在黄河三角洲国家级自然保护区的核心区、缓冲区不进行工程布置。堤线布置要尽量与河流、较大潮沟垂直或接近垂直，避免顺堤行潮、顺堤行河。

5. 水资源利用保护规划

东营市水资源量包括当地水资源量和客水资源量（主要来自黄河、南水北调东线水及小清河、支脉河）。2020年东营市水资源可利用量为13.64亿 m^3，2030年水资源可利用量为15.40亿 m^3。

6. 生态保护与修复规划

规划提出实施生态调度，建立生态补水效益评估体系，进一步优化调度方案；加快南水北调西线工程建设立项，充分利用调水调沙及汛期洪水对湿地进行生态补水；加快湿地修复补水工程总体规划及建设；调整湿地内部土地利用方式，协调油田开发和湿地保护的关系等生态需水保障措施。规划提出实施退林还湿工程、生态移民工程、重要生态区域保护工程、湿地修复区生物工程建设、重点物种保护工程等湿地其他生态修复工程措施。

三、珠江口综合治理规划

20世纪90年代，珠江水利委员会按照水利部的统一部署，在国家有关部委和广东省有关部门的大力支持下，开展了大量的规划、治理和科研工作，分别完成了《珠江磨刀门口门治理开发工程规划报告》《伶仃洋治导线规划报告》《黄茅海及鸡啼门治理规划报告》《广州—虎门出海水道整治规划报告》等一系列成果。同时，根据《国务院办公厅关于加强

第七章　河口管理

珠江河口澳门附近水域综合治理和管理问题的复函》(国办函〔1995〕19号),组织开展了珠江河口澳门附近水域综合治理规划。21世纪初,在水利部、广东省的大力支持下,珠江水利委员会编制完成了《珠江河口综合治理规划》,2010年获国务院批复。

(一) 规划目标

1. 治导线规划目标

使口门延伸走向、宽度以及河口湾平面形态符合水沙运动和河势发展的规律,满足泄洪纳潮的要求,有利于河口水流条件的改善和主槽稳定,有利于航道维护和港口建设,有助于河口管理,以达到河口水流平顺、合理有序延伸的目的。

2. 河口泄洪整治规划目标

安全下泄50年一遇洪水。同时,加强磨刀门泄洪主通道的地位,维持虎门、横门、蕉门的排洪能力,适度增强洪奇门的排洪作用,适度调整口门出流主干、支汊的分流比,改善口门间的汇流条件,适当清障、开卡,疏浚排洪断面,维持河口稳定和畅通。

3. 水资源保护规划目标

规划目标是改善水环境和生态环境,通过制定水功能区划,提出水质保护目标,促进河口健康发展。

4. 岸线、滩涂保护与利用规划目标

规划目标是在有效保护岸线、滩涂资源的前提下,科学合理利用岸线、滩涂资源,以满足河口地区社会经济发展的要求,保障资源的可持续利用。

5. 采砂控制规划目标

保障珠江河口行洪、纳潮安全,保障河道两岸堤围安全,以达到总体控制、综合管理、稳定河势、兴利除害的目的。

(二) 规划内容

《珠江河口综合治理规划》统筹协调了交通、环境、海洋渔业、国土等相关部门以及地方政府在河口规划上的要求,提出了河口治导线规划、泄洪整治规划、水资源保护规划、岸线滩涂保护与利用规划以及采砂控制规划。

1. 河口治导线规划

治导线总体布局为：河优型河口（磨刀门、横门、洪奇门、蕉门、鸡啼门、虎跳门）以控导口门合理延伸为重点，尽可能保持延伸河道呈多汊道格局；潮优型河口（虎门、崖门）口外治导线布置为喇叭状形态，以利纳潮。

2. 泄洪整治规划

依据珠江河口规划治导线的总体布局，规划提出了磨刀门、横门、洪奇门、蕉门四个重点口门泄洪整治方案。磨刀门规划以东、西两侧堤岸为基础，按设计泄洪断面和中水断面，全面整治挂定角至石栏洲主干道。整治措施包括主槽疏浚、横洲口清障和修筑河道东岸丁坝工程等。横门规划北汊以南、北治导线作控导，修筑南、北导流堤，缩窄水域。对洪奇门水道万顷沙西河段（大陇滘—十七涌），规划采用清障、开卡、退堤、导流等综合整治措施。

3. 岸线、滩涂保护与利用规划

规划岸线总长 979km，其中口门区规划开发利用区岸线 102km，占 9.9%；控制利用区岸线长 534.5km，占 51.8%；保留区岸线长 336km，占 34.3%；保护区岸线长 6.5km，占 0.7%。规划滩涂共计 39889hm^2，含治导线范围内的浅水区域，其中规划开发利用区 19084hm^2，占 48%；保留区 15296hm^2，占 38%；保护区 5509hm^2，占 14%，保留区和保护区共占滩涂总面积的 52%。

4. 水资源保护规划

规划将珠江河口水功能区划分为两级体系，一级功能区包括保护区、保留区、开发利用区、缓冲区，其中开发利用区 25 宗。二级功能区划分在一级区划的开发利用区内进行，包括饮用水水源区 3 处、工业用水区 4 处、农业用水区 1 处、渔业用水区 11 处、景观娱乐用水区 7 处、过渡区 2 处、排污控制区 1 处。

5. 采砂控制规划

规划将西北江三角洲北江片 1002km 河道、珠江（广州）片 67.6km 河道、东江三角洲 77.5km 河道划为禁采河道；将 293km 河道划为可采河道。同时，在网河区中规划 10 个可采区，在口门区规划 4 个可采区。

第四节 河口保护治理工程实例

通过实施河口保护治理工程，可以起到提高河口防洪能力、维护河口生态平衡、保护海岸带生态系统、促进水资源可持续利用等作用。本节梳理了长江口深水航道治理工程、黄河口清8改汊入海工程和珠江河口磨刀门综合整治工程的背景、主要内容和主要成效。

一、长江口深水航道治理工程

（一）工程背景

"上海上海，有江无海"这句曾流传多年的俗语，反映了20世纪80年代上海航运发展的桎梏，每年都有数亿吨泥沙堵住长江的"嗓子眼"。"治理长江口，打通拦门沙"不仅是几代人的夙愿，更是上海国际航运中心建设以及浦东新区经济腾飞的现实需求。1990年浦东开发开放，长三角地区船舶载重总吨位逐渐超过了整个欧洲的内河运力规模，但全长约为莱茵河3倍的长江干线，货运量却不到莱茵河的十分之一。1998年以前，长江口北槽就算依靠疏浚，航道水深也只能维持在7m上下，吃水9.5m的船舶平均一天只能通过15艘左右。大型船舶要在长江口外减载后才能乘潮进入，而外贸集装箱则需在香港和日本神户中转。

一寸水深一寸金，货轮吃水每增加1cm，就能多装载100多t货物。必须解决"拦门沙"！但长江河口宽90km，夏有台风，冬有寒潮，治理非常不容易，请来的荷兰、美国世界权威专家也认为这里不能治理。在国家领导人及党中央的领导下，1992年，"长江口拦门沙航道演变规律与整治技术研究"被列入国家"八五"科技攻关计划，在交通部的领导下，国内众多科研、设计、施工单位，开始向长江口"进军"。1997年1月召开的长江口深水航道治理工程专家座谈会，明确了"一次规划、分期建设、分期见效、先期治理至8.5m"的指导思想，一年后长江口深水航道治理一期工程拉开建设帷幕。

(二) 工程内容

1. 工程建设情况

作为长江水运船舶入海的必经之路，长江口航道是长江黄金水道中通航条件最好的咽喉要道，也是世界上运输货物总量最大、运输最繁忙的潮汐河口航道，更是关系到长江三角洲地区乃至长江流域经济发展的重要战略运输通道。全长92.2km的长江口12.5m深水航道于2010年3月全线贯通，截至2024年，已进入全面发挥"黄金效益"的稳定运行阶段。过去20多年，长江口深水航道治理工程先后经历了一期工程航道骤淤、二期工程地基土软化、三期工程局部航道增深困难，以及维护运行初期航道回淤总量大、维护费用高等多项重大技术难题攻关，取得了一些重要的实践经验与创新认识。

作为我国重点投资建设的大型水运工程，长江口深水航道治理选择在南港北槽河段（图7-2）。自1998年1月经国务院批准开始实施，主要采用整治和疏浚相结合的治理方法，按照"一次规划、分期建设、分期见效"原则，分三期实施。工程进展顺利，分别于2002年8月、2005年11月和2010年3月实现了8.5m（一期）、10m（二期）和12.5m（三

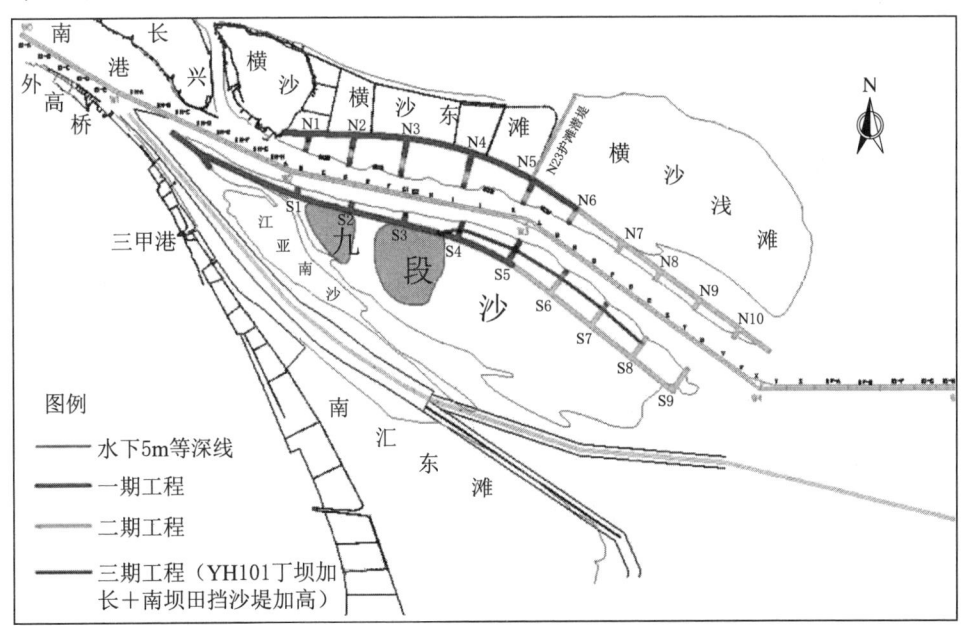

图7-2 长江口深水航道治理工程示意

期）航道水深治理目标。至此，长江口深水航道可满足 5 万 t 级船舶（实载吃水≤11.5m）全潮双向通航的要求，同时兼顾第五、六代大型远洋通航。据表 7-4 统计，经过一、二期工程的建设，总共累计建造了长约 48km 的南导堤、49km 的北导堤和 30km 的 19 座丁坝；三期工程除疏浚工程（基建疏浚量约 2.18 亿 m^3）外，还实施了 2 个减淤工程措施，即 YH101 减淤工程和南坝田挡沙堤加高工程。

表 7-4　　　　　　　长江口深水航道治理工程建设规模

工程阶段	航道尺度（深×长）/(m×km)	主要建设内容	实施时间	备　注
一期工程	8.5×51.77	北导堤 27.89km，南导堤 30km，新建丁坝 10 座 11.19km	1998 年 1 月开工，2002 年 9 月通过竣工验收	期间航道基建疏浚量 4386 万 m^3，年维护疏浚量约 2000 万 m^3
二期工程	10×74.47	北导堤 21.31km，南导堤 18.08km，新建丁坝 9 座 14.3km，加长丁坝 5 座 4.6km	2002 年 4 月开工，2005 年 11 月通过竣工验收	期间航道基建疏浚量 5921 万 m^3，年维护疏浚量为 4000 万 m^3 左右
三期工程	12.5×92.2	（1）YH101 减淤工程：加长北侧 N1～N6 丁坝、南侧 S3～S7 丁坝等 11 座丁坝，累计加长 4.621km	2008 年 12 月底开工，2009 年 4 月主体工程完工	2011 年 5 月通过竣工验收。其中，YH101 减淤工程是三期工程的主要整治建筑物工程，南坝田挡沙堤加高是三期工程的辅助措施
		（2）南坝田挡沙堤加高工程：在 S3～S8 南坝田区段新建 21.22km 长的挡沙堤	2009 年 6 月开工，2009 年 11 月主体工程完工	

2. 工程维护管理情况

2011 年 5 月长江口深水航道治理三期工程通过竣工验收后，长江口航道逐渐由建设为主过渡到建设、管理和养护并重的新常态。长江口 12.5m 深水航道的养护管理和安全畅通保障是一项长期性任务，其中北槽段（W2～W4）回淤量较大，为每年航道养护工作的重点。投入运行 8 年来，通过科学维护和管理，长江口 12.5m 深水航道通航深度年保证率始终保持在养护计划规定的 95% 以上，确保了航道的安全畅通，有力地保障了长江口深水航道整体效益的持续发挥。为进一步减少航道回淤量、降低维护成本，长江口 12.5m 深水航道减淤工程南坝田挡沙堤加高工程于 2015 年 11 月经交通运输部批准开工，其主要建设内容是在已建 S4～S8 南坝田挡沙堤（长 19.2km）上继续加高至吴淞基面 3.5m，并在 S8～S9 丁坝间新建长 4.6km、堤顶高程同为吴淞基面 3.5m 的挡沙堤；其主体工程于 2016 年 7 月基本完工，2016 年 12 月通过交工验收。

（三）工程成效

1. 经济社会效益

长江口 12.5m 深水航道运行 11 年来，长江口入海航道通航条件明显改善，大型船舶通航效率和营运水平大为提高，取得了较好的经济和社会效益。经初步测算，长江口 12.5m 深水航道开通以来年均产生经济效益已超过 100 亿元，货运量增加带动 GDP 增长年均超过 1000 亿元，带动就业年均超过 10 万人。其中，维护 12.5m 航道的"十二五"期长江口深水航道经济效益比维护 10m 航道的"十一五"期增长 36.8%，累计拉动上海市及江苏省等沿江地区 GDP 增长 5297 亿元。受益于长江口深水航道，上海国际航运中心、金融中心、贸易中心和经济中心建设步伐加快，并为 12.5m 深水航道上延至南京创造条件，大幅提升了长江中上游"江海联运"能力，有力推进了长江干线货运量连续多年位居世界河运榜首和区域经济快速发展。随着长江南京至长江口 431km 的 12.5m 深水航道建设工程在 2018 年 4 月底全线贯通以及沿江港口码头的改造升级，长江口深水航道的航运及港口经济效益得到大幅提升。

2. 航道治理效应

长江口深水航道治理工程以打通拦门沙浅滩、实现治理目标水深为第一要务，同时也考虑了与河势控制、水利防洪（潮）、滩涂资源开发利用和保护、河口水库开发、生态湿地环境保护等综合协调。通过 20 年航道治理，结合中央沙圈围及青草沙水库等工程，长江口三个分汊口关键部位相继得到人工守护，徐六泾以下"三级分汊、四口入海"长江口河势格局稳定性显著增强，较好地落实了《长江口综合整治开发规划》对航道发展及河势控制的要求。长江口深水航道治理工程实施以后，与相关涉水部门加强了相互配合和协调，积极推动了长江口多目标综合整治。

比如，长江口深水航道疏浚土被用于吹填上滩，与横沙东滩、浦东机场外侧滩涂和长兴潜堤后方滩涂等上海市滩涂整治有机结合，有利于控制疏浚和造地成本，取得了共赢局面；又如在深水航道治理过程中，结合工程建设建立河口生态修复和生态补偿机制，坚持进行长江口大范围生态环境监测评价，开展了人工牡蛎礁构造、中华鲟等渔业资源增殖放流工作，促进了长江口航道建设与环境保护的协调发展，取得了良好的生态效益。

二、黄河口清 8 改汊入海工程

（一）工程背景

黄河口具有输沙量大、淤积快速、改道频繁等显著特点，其流路变迁和稳定一直是河口海岸研究的重点和河口综合治理的焦点。黄河入海流路自 1976 年 5 月从西河口改走清水沟流路至 1996 年 5 月，进入河口区的水量约 5075 亿 m^3，来沙 134 亿 t，大量泥沙进入河口填海造陆，河口沙嘴不断向海域推进，河长由改道初的 27km 淤积延伸到 1996 年的 65km，共延伸 38km。西河口 10000m^3/s 流量相应水位已由改道时的 10.0m（大沽基面，下同）抬高至 1996 年 5 月时的 11.12m。加之 20 世纪 80 年代中期以来连续枯水，河口河道萎缩，河道排洪能力减弱，对河口地区油田和工农业生产威胁严重。为了缓解河口地区防洪压力，延长清水沟流路使用年限，结合胜利油田造陆采油的需要，在不影响黄河入海流路规划的前提下，通过人工控制，合理安排入海口门位置，充分发挥黄河泥沙资源优势，填海造陆，达到海上油田变为陆上开采的目的，经山东黄河河务局报请黄委会批准，于 1996 年 5 月在清 8 断面附近实施了人工出汊造陆采油工程。

（二）工程内容

工程的出汊点位置选择在清 8 断面以上 950m 处，引河开挖长 5.88km，底宽 150m，边坡 1∶3，纵比降 1/5000，平均挖深 1.0~1.3m；在原河道修筑 4.1km 长的截流坝，坝顶高出原河道两岸导流堤 0.4m。在引河左岸修筑 5.5km 长的导流堤，在开挖引河两侧破除原河道导流堤，破除口门 4 个。新汊河入海方向东略偏北，与出汊前河道成 29°30′夹角，出汊点以下尾闾河道走向由 113°N 改变为 83°N，新汊河滩区比降 2.85‰；整个河口河段河床比降由 0.9‰ 调整到 1.2‰，流路长度缩短 16.6km。1996 年 7 月清 8 改汊成功。黄河口清水沟流路范围内汊河分布如图 7-3 所示。

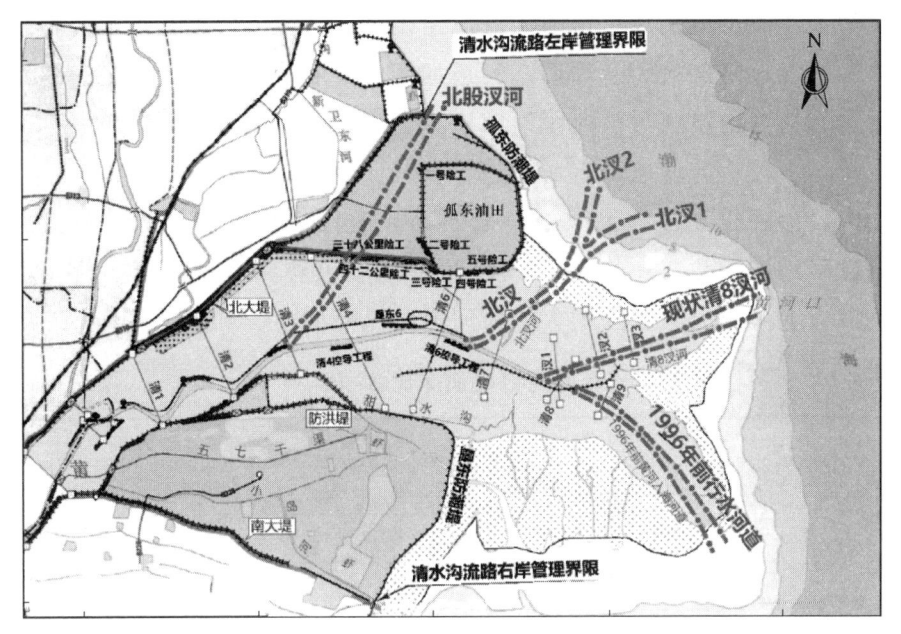

图 7-3 黄河口清水沟流路范围内汊河分布示意

（三）工程成效

清 8 改汊是 1996 年 5 月人工有计划调整黄河入海口门位置的工程，清 8 出汊工程缩短了入海流程 16km，使得河口侵蚀基面相对降低，至 1996 年 10 月出汊点以下河道已初步形成，改汊工程引起了改汊点上下河段平面形态、河道纵向及横向等多方面形态的变化。

1. 河道平面形态变化

1996—1999 年遥感影像显示，清 8 出汊点以下河段在"96·8"洪水过后断面变化较大，引河入口处做成 S 弯，左岸淤出 300 余 m 的新滩后，主流在引河右岸并不断使该岸坍塌后退。1997 年清 8 出汊点以下 6.5km 处河道开始向东南方向偏移，河道横向摆动 100~300m，口门向东北方向延伸约 2km，整个新口门河道表现为上窄下宽，形成小喇叭形河口。

1998—1999年由于来水来沙较小，无论是汊河新河道，还是口门附近，其平面变化均较小。总之，清8改汊后，新河河道平面变化不大，河道基本是沿东偏北向入海。

2. 河道纵剖面变化

清8改汊工程缩短了黄河入海流路16 km，河口侵蚀基准面降低，使得该河段纵比降加大，从而引起河道的溯源冲刷（表7-5）。从表7-5可以看出，清8出汊前后该河段河床比降出现了明显的变化，利津—CS7河段在清8出汊后河床比降有增加趋势，其比降约0.75‰~0.84‰；CS7—清7河段比降较大，约1.19‰~1.29‰，改汊后比降略增大；改汊后新河纵比降约1.05‰~1.13‰，改汊后呈减小趋势。可见，清8改汊后使得改汊点上游河床纵比降增大，新河道纵比降减小。

表7-5　　　　　　　黄河河口段河床比降（‰）

时间	改汊点上游河段			改汊点附近河段		备 注
	利津—CS7	CS7—清7	利津—清7	清7—汊3	清7—清9	
1996年5月	0.75	1.25	0.97	2.00（设计）	0.74	清8出汊前
1997年10月	0.84	1.29	1.03	1.07		清8出汊后（1996年5月后）
1998年10月	0.82	1.29	1	1.13		
1999年8月	0.8	1.19	0.96	1.05		
2000年10月	0.84	1.25	0.99			

3. 河道长度变化

改汊后河长变化有增加和减小，总体维持了动态平衡。河长变化与来沙量有密切关系，出汊当年由于水沙较丰，加之海域较浅，河长延长了5.83km。1996年10月—1997年11月，河口地区长时间断流，基本无水沙入海，此期间河道蚀退了2.25km。1998年利津站来沙3.8亿t，河道又延长了2.27km；1999年来沙较小（1.93亿t），河道仅延长了0.15km。从出汊后的1996年10月—1999年10月整三年的时间里，共来沙5.87亿t，河道有蚀有淤，蚀淤抵消后净延长0.17km，方向顺势延伸。由此可见，清8出汊后的几年，来沙仅维持了河口区口门附近淤进和蚀退的动态平衡,河道长度变化不大。

4. 水位变化

改汊以前的1990—1995年间河口河段不同流量级水位呈逐步抬升趋势,1996年改汊以后不同断面的同流量级水位均有不同程度的下降。降低最多的是丁字路口,向上游依次减少。清8出汊工程实施后河口河段呈溯源冲刷态势,溯源冲刷持续到1998年,此后水位逐步回升。改汊后上游水位降低,并引起了溯源冲刷,溯源冲刷的范围在西河口以上约50km。

5. 河道冲淤变化

清8改汊的当年(1996年5—9月),改道点以上河段均发生了冲刷,总体是清6断面以下主槽冲刷面积较大,渔洼以上主槽冲刷面积较小;改汊后的第2~3年(1996年9月—1998年5月),清4以下河段仍有较大冲刷,以上河段冲淤基本均衡;1998—2000年10月期间,全河段基本处于淤积状态。清8改汊后,引起了上游河道的冲刷,持续时间2~3年,改汊后的新河汊1~汊3断面均发生了不同程度的淤积。

综上所述,清8改汊缩短了黄河入海流路约16km,相对降低了河口侵蚀基面,使得改汊点以上河段河床纵比降增大,由此引起河道的溯源冲刷,持续时间2~3年,其影响范围在西河口以上50km。清8改汊后多年的水沙持续减少,主要原因为小浪底调水调沙导致入海沙量减少,其来沙量仅维持了口门淤进蚀退的动态平衡,此情况虽不利于填陆造海,但有利于延长流路的使用年限。清8改汊工程一定程度上改善了河口河道的淤积状况,对流路稳定起到了积极的作用,为河口河道的综合治理提供了一种新的途径。

三、珠江河口磨刀门综合整治工程

(一) 工程背景

磨刀门是八大口门之一,其输入海区的水量和沙量均占八大口门总量的近1/3,为八大口门之冠。磨刀门水道是珠江主要泄洪干道,原出海口在挂定角企人石附近。挂定角以南是大小横琴岛、三灶岛等众多小岛环抱的浅海区,浅海区有横洲口、洪湾口、龙屎窟和大门口等4个口与外海相通,水域纵长15km,横宽23km,浅海水域面积173km^2,东侧紧临澳门。

磨刀门水道进入开阔的浅海区后，由于流速迅速降低，大量泥沙落淤，使水道以每年约100m的速度向外海延伸，主槽横洲口拦门沙发育，河床纵剖面呈倒比降。磨刀门浅海区淤积的结果形成了大片的滩涂资源，为围垦利用创造了优越的条件。中华人民共和国成立以来到80年代初，先后由当地进行围垦面积共计4600多hm^2，为经济发展提供了宝贵的土地资源。但淤积也在一定程度上对泄洪、航运及两岸农田的自流排灌带来了不利，加上地方自发地盲目围垦，更加重了其不利影响。为了适应地方增加土地面积的迫切要求，并力求克服由于口门的任意延伸和自发盲目围垦对防洪、排水、防潮、引淡、航运以及围内整治、管理等带来的一系列不利影响，制定统一的治理开发规划刻不容缓。

1979年水利部珠江水利委员会成立后，坚持贯彻"因势利导，统筹兼顾，全面规划，综合治理，治理与开发相结合，以整治促进开发"的方针，制定了珠江河口治导线规划方案，并获得水利部的审查批准。

（二）工程内容

磨刀门治理开发工程的实施，是从1982年4月经水利电力部批准，以洪湾北、鹤洲北作为实验工程后开始的。鹤洲北片围垦面积$1200hm^2$，工程于1983年动工，当年就部分投产，整个工程于1985年基本建成。三灶湾片、洪湾北片的$4667hm^2$围垦也分别于1984年、1985年动工，并于1987年相继成围投产。鹤洲南、洪湾南和白龙河西片共$6933hm^2$的围垦工程，分别于1989年、1990年和1993年动工。至1994年，磨刀门口门主干的东西治导堤线和洪湾支汊的南北治导堤线均基本形成，如图7-4所示。工程内容还包括巩固达标及各片围内的配套整治工程。

（三）工程成效

珠江磨刀门口门的治理开发工程，不仅整治了河口，有利于整个流域的可持续发展，更重要的是对区域防洪、防潮、改善航运条件及水资源利用等也带来良好的效益。尤其增加了大面积的土地，为珠海市工农业生产的发展和经济建设提供了良好的基础。

1. 防洪防潮方面

磨刀门口门主支治导堤的形成，使治理后的河道变得顺直通畅，克

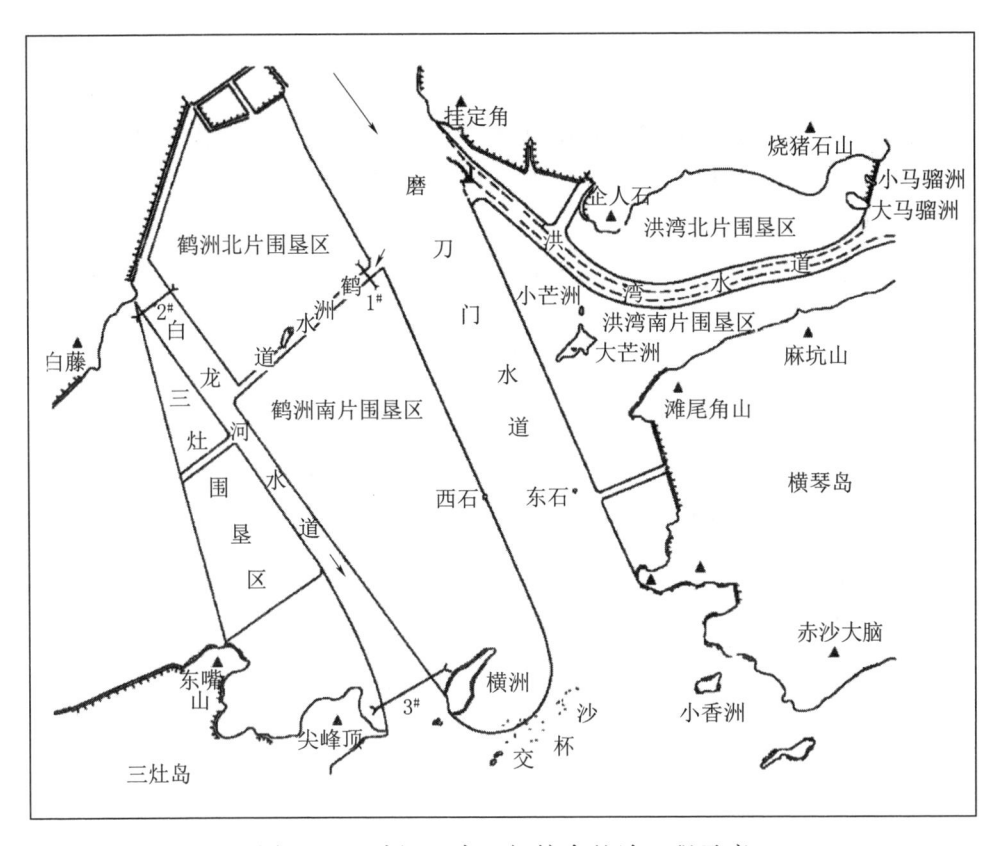

图 7-4 珠江口磨刀门综合整治工程示意

服了原河口自然发育及盲目围垦引起的水道曲折、分汊、洲心连迭、阻力较大的情况，河道淤积减小、流量加大、比降变陡。磨刀门口门用治导堤控制后，白藤大堤共约 30km 的海堤变成内堤，从而避免受风暴潮的袭击，提高了 11333hm² 农田的防风暴潮的能力。

2. 排涝、灌溉、供水方面

工程后磨刀门水道右岸垦区建成了总排水干渠白龙河，白藤片 8000hm² 的农田自流排水的条件得以改善。工程后口门延伸 15km，咸界下移，原在春灌时受咸影响的联石湾水闸两岸，受益农田达 11333hm²。治理前磨刀门水道冬春的含氯度可高达 1‰～2‰，严重影响育秧和作物生长，人畜饮水更为困难。经治理后挂定角站点含氯度一般在 0.15‰ 以下，这不仅利于灌溉，还为对澳供水工程供应淡水提供了水质保证。

3. 改善航运方面

工程后洪湾水道由三向流水道变为往复流水道,破坏了多个会潮区的淤积环境,增加了涨落潮流的冲刷力,使原靠候潮才可通航 300t 船只的洪湾航道水深条件得以改善。加之洪湾南片挖河取沙充填围垦区的结果,工程后通航水深普遍达 6m 以上,粤桂通往港澳 2000～3000t 的船舶可通行无阻,每年可节省航道维护费用数百万元,并促进了西江航运的发展,产生了较大的社会效益。

4. 开发利用方面

磨刀门口门的治理开发工程规划围垦 13333hm^2,把多个孤岛和陆地连成一片成为半岛。滩涂围垦开发为经济建设提供了大面积的土地,为社会创造了巨额物质财富,对珠海的发展繁荣有着深远的意义。

参 考 文 献

[1] 《第一次全国水利普查成果丛书》编委会. 河湖基本情况普查报告 [M]. 北京：中国水利水电出版社，2017.

[2] 伍光和，王乃昂，胡双熙，等. 自然地理学 [M]. 北京：高等教育出版社，2008.

[3] 《中国河湖大典》编委会. 《中国河湖大典（海河卷）》[M]. 北京：中国水利水电出版社，2013.

[4] 中国科学院南京地理与湖泊研究所. 中国湖泊调查报告 [M]. 北京：科学出版社，2019.

[5] 国务院第一次全国水利普查领导小组办公室. 河湖基本情况普查 [M]. 北京：中国水利水电出版社，2010.

[6] 水利部水利水电规划设计总院. 中国水资源及其开发利用调查评价 [M]. 北京：中国水利水电出版社，2014.

[7] 中华人民共和国水利部. 中国水利统计年鉴 [M]. 北京：中国水利水电出版社，2024.

[8] 李鸣. 走近中国古代灌溉历史 [J]. 黄河·黄土·黄种人，2024（7）：9-12.

[9] 水利部，环境保护部. 贯彻落实《关于全面推行河长制的意见》实施方案》[J]. 中国水利，2016（23）：6-7.

[10] 王冠军，郎劢贤，陈晓. 履职尽责是河长制湖长制落地见效的关键 [J]. 中国水利，2020（8）：4-6.

[11] 刘小勇. 推进湖长制落地见效维护湖泊健康生命 [J]. 水利发展研究，2024，24（3）：73-76.

[12] 刘小勇. 建设千万幸福河湖惠泽万千人民群众 [J]. 中国水利，2023，（12）：3.

[13] 刘小勇，傅渝亮，李晓晓，等. 河湖长制工作综合评估指标与方法研究 [J]. 人民长江，2020，51（10）：42-46，104.

[14] 陈茂山，刘小勇，刘卓. 深刻领会造福人民的幸福河的内涵要义和主要特征 [J]. 中国水利 2023，（16）：9-12.

[15] 陈茂山，刘小勇，刘卓. 强化河湖长制确保复苏河湖生态环境措施落地见效 [J]. 水利发展研究，2022，22（10）：1-4.

[16] 王冠军，刘小勇，郎劢贤，等. 全面推行河长制湖长制总结评估成果分析与工作建议 [J]. 水利发展研究，2020，20（10）：32-35.

[17] 陈晓，刘小勇，郎劢贤，等. 河湖"清四乱"常态化规范化进展分析与对策建议 [J]. 水利发展研究，2022，22（11）：49-52.

[18] 河湖管理范围划定调研组，王冠军，刘小勇，等. 河湖管理范围划定的做法经验与政策建议 [J]. 水利发展研究，2020，20（3）：24-26.

[19] 河湖岸线保护和利用规划编制规程：SL/T 826—2024 [S].

[20] 方国华，刘劲松，鞠茂森，等. 河湖水域岸线管理保护 [M]. 北京：中国水利水电出

版社，2020.
- [21] 堤防工程设计规范：GB 50286—2013 [S].
- [22] 王永忠. 关于建立最严格河湖管理制度的探讨 [J]. 人民长江，2014，45（23）：11-13.
- [23] 徐勤勤，王永忠，谢作涛. 加强岸线资源保护支撑长江经济带可持续发展 [N]. 人民长江报，2016-6-25（005）.
- [24] 张瑞美，陈献，张献锋，等. 我国河湖水域岸线管理现状及现行法规分析——河湖水域岸线管理的法律制度建设研究之一 [J]. 水利发展研究，2013，13（2）：28-31.
- [25] 李晓妹. 国内外采砂管理体制对比研究 [J]. 中国矿业，2010（9）：50-52.
- [26] 余之光，吴琼，范陆娥，等. 河道采砂主要影响内容及存在问题与对策 [J]. 南水北调与水利科技，2015（6）：241-243.
- [27] 郭超，姚仕明，肖敏，等. 全国河道采砂管理存在的主要问题与对策分析 [J]. 人民长江，2020（6）：1-4.
- [28] 褚茜茜，周峰. 长江河道砂石资源经营管理模式研究 [J]. 长江技术经济，2021（3）：15-18.
- [29] 曾令木，赵义. 长江中下游干流河道采砂规划研究与探索 [J]. 人民长江，2006，37（10）：25-27.
- [30] 何勇，刘前隆，陈前海. 浅谈长江中下游干流河道采砂规划修编创新思路 [J]. 水利水电快报，2017（11）：84-86.
- [31] 赵义，周劲松. 长江中下游干流河道采砂规划修编中几个问题的探讨 [J]. 中国水利，2006，6（6）：34-35，60.
- [32] 王金生. 浅议河道采砂管理体制 [J]. 中国水利，2012（20）：32-34.
- [33] 王军，姚仕明，周银军. 我国河流泥沙资源利用的发展与展望 [J]. 泥沙研究，2019，44（1）：76-83.
- [34] 王一凡. 黄河河道采砂管理控制性指标研究 [J]. 人民黄河，2016（8）：27-30.
- [35] 马建华，夏细禾. 关于强化长江河道采砂管理的思考 [J]. 人民长江，2018，49（11）：1-2+13.
- [36] 王金生. 河道采砂与管理 [M]. 北京：中国水利水电出版社，2006.
- [37] 吴志广. 长江河道采砂管理探索与实践 [M]. 武汉：长江出版社，2008.
- [38] 刘明堂，郭龙，陆桂明. 河道采砂监管 [M]. 北京：中国水利水电出版社，2019.
- [39] 河道采砂规划编制与实施监督管理技术规范：SL/T 423—2021 [S].
- [40] 陈吉余，陈沈良. 河口海岸环境变异和资源可持续利用 [J]. 海洋地质与第四纪地质，2002，22（2）：1-7.
- [41] 沈焕庭，等. 长江河口陆海相互作用界面 [M]. 北京：海洋出版社，2009.
- [42] Pritchard D W. Salinity distribution and circulation in the Chesapeake Bay estuarine system [J]. Marine Research，1952，11：106-123.
- [43] Prandle D. On Salinity regimes and the vertical structure of residual flows in the narrow tidal estuarines [J]. Estuarine and Shelf Science，1985，20：615-635.
- [44] Pritchard D W. A study of the salt balance of a coastal plain estuary [J]. Marine Research，1954，13：133-144.
- [45] Dalrymple R，Zaitlin B A，Boy R. A comceptual model of estuarine sedimentation [J].

Journal of Sediment Petrol，1992，62：1130-1146.

[46] 黄胜，卢启苗. 河口动力学［M］. 北京：水利电力出版社，1995.

[47] 王凯忱. 潮汐河口的分类探讨［C］. 1980年全国海岸和海涂资源综合调查暨海岸工程学术会议论文集，北京：海洋出版社，1982：113-117.

[48] 金元欢. 河口分叉的定量表达及其基本模式［J］. 地理学报，1990，45（1）：56-67.

[49] 熊绍隆，曾剑. 潮汐河口分类指标与河床演变特征研究［J］. 水利学报，2008，39（12）：1286-1295.

[50] 交通运输部长江口航道管理局. 长江口深水航道治理工程实践与创新［M］. 北京：人民交通出版社，2015.

[51] 赵德招. 长江口12.5m深水航道运行初期的疏浚效益评价［J］. 水运工程，2017，4：111-116.

[52] Zheng S，Wu B S，Wang K R，et al. Evolution of the Yellow River delta, China: Impacts of channel avulsion and progradation［J］. International Journal of Sediment Research，2016，32：34-44.

[53] 胡春宏，吉祖稳，王涛，等. 黄河口海洋动力特性与泥沙的输移扩散［J］. 泥沙研究，1996，4：1-10.

[54] Saito Y，Yang Z，Hori K. The Huanghe (Yellow River) and Changjiang (Yangtze River) deltas: a review on their characteristics, evolution and sediment discharge during the Holocene［J］. Geomorphology，2001，41：219-231.

[55] 陈军. 珠江河口岸线、滩涂保护与开发利用研究［J］. 人民珠江，2011，32（1）：13-32.

[56] 鲁晶晶. 河口环境综合管理的美国经验及借鉴——以美国"国家河口计划"为中心［J］. 太原理工大学学报（社会科学版），2020，38（2）：70-76.

[57] 杨渭平. 科学抉择与闽江河口湿地的存续——闽江河口湿地国家级自然保护区保护纪实［J］. 政协天地，2014，1：33-34.

[58] 尤爱菊，朱军政，田旭东，等. 钱塘江河口段水环境现状与保护对策［J］. 环境污染与防治，2010，32（5）：92-96.

[59] 潘存鸿，韩曾萃. 钱塘江河口治理与科技创新［J］. 中国水利，2011，10：19-22.

[60] 陈文龙，刘培，陈军. 珠江河口治理与保护思考［J］. 中国水利，2020，20：36-39.

[61] 梁海涛，徐辉荣，黄德治. 珠江河口滩涂保护与利用方案浅析［J］. 广东水利水电，2011，1：26-30.

[62] 吴小明，吴门伍，姚力玮. 珠江河口治水实践及对巢湖治理的思考［J］. 中国防汛抗旱，2018，28（12）：21-25.

[63] 王丽，黄亮，朱远生，等. 珠江河口综合治理规划中的生态保护［J］. 人民珠江，2010，31（6）：19-20.

[64] 楼飞，季岚，周海. 长江大保护战略下河口滩涂的保护对策研究［J］. 水运工程，2020，8：1-7.

[65] 陈沈良，谷硕，姬泓宇，等. 新入海水沙情势下黄河口的地貌演变［J］. 泥沙研究，2019，44（5）：61-67.

[66] 侯志军，赵利. 1996年黄河口清8改汊入海流路演变分析［C］. 第十五届中国海洋（岸）工程学术讨论会文集，2011，1241-1244.

参考文献

[67] 陈文彪,陈上群. 珠江河口治理开发研究 [M]. 北京:中国水利水电出版社,2013.

[68] 韩玉芳,窦希萍. 长江口综合治理历程及思考 [J]. 海洋工程,2020,4:11-18.

[69] 王道坦,刘明喆,韩瑞光. 加快海河流域河口综合治理规划服务区域经济社会可持续发展 [J]. 中国水利,2010,1:50-52.

[70] 何焯霞,董兆英. 磨刀门口门治理开发规划与实施效果 [J]. 水利规划,1997,1:30-33.

[71] 喻丰华. 珠海河口整治与滩涂围垦的理论与实践 [J]. 国土经济,1997,5:35-37.

[72] 姜海萍,王大魁,汪德. 磨刀门河口治理工程环境影响的回顾评价 [J]. 河海大学学报(自然科学版),2002,30(6):67-69.